解读地球密码

丛书主编　孔庆友

平凡奇材

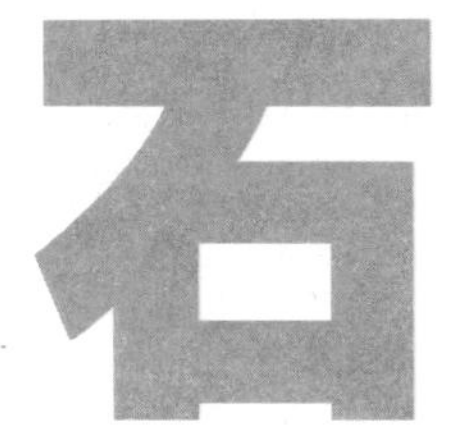

Graphite
Ordinary genius

本书主编　孙　斌

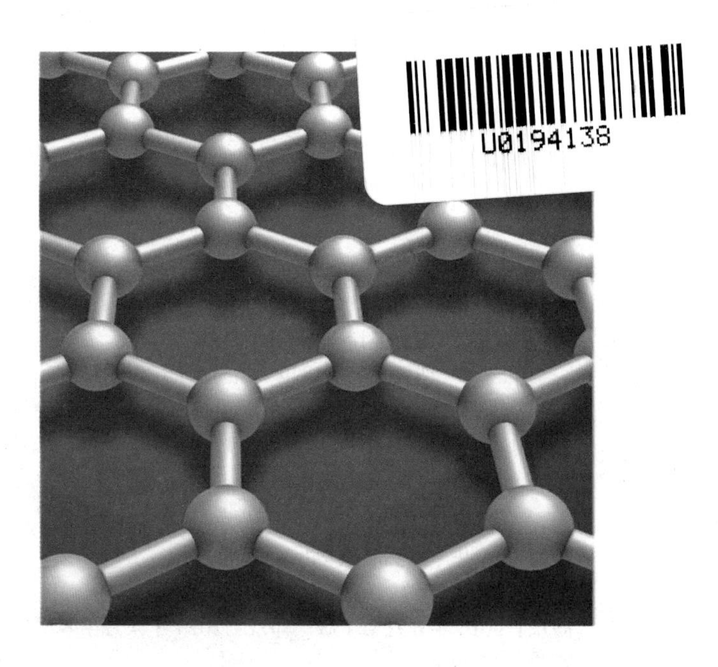

山东科学技术出版社
·济南·

图书在版编目（CIP）数据

平凡奇材——石墨 / 孙斌主编 . -- 济南：山东科学技术出版社，2016.6（2023.4 重印）
（解读地球密码）
ISBN 978-7-5331-8368-4

Ⅰ . ①平… Ⅱ . ①孙 Ⅲ . ①石墨 – 普及读物 Ⅳ . ① O613.71-49

中国版本图书馆 CIP 数据核字 (2016) 第 141408 号

丛书主编　孔庆友
本书主编　孙　斌
参与人员　孙雨沁　董延钰　熊玉新
　　　　　郭广军　舒　磊　迟乃杰

平凡奇材——石墨

PINGFAN QICAI——SHIMO

责任编辑：焦　卫　宋丽群
装帧设计：魏　然

主管单位：山东出版传媒股份有限公司
出 版 者：山东科学技术出版社
地址：济南市市中区舜耕路 517 号
邮编：250003　电话：（0531）82098088
网址：www.lkj.com.cn
电子邮件：sdkj@sdcbcm.com
发 行 者：山东科学技术出版社
地址：济南市市中区舜耕路 517 号
邮编：250003　电话：（0531）82098067
印 刷 者：三河市嵩川印刷有限公司
地址：三河市杨庄镇肖庄子
邮编：065200　电话：（0316）3650395

规格： 16 开（185 mm × 240 mm）
印张： 6　**字数：** 108 千
版次： 2016 年 6 月第 1 版　**印次：** 2023 年 4 月第 4 次印刷
定价： 32.00 元

审图号： GS（2017）1091 号

普及地質科学知识
提高民族科学素質

李廷栋
2016年元月

传播地学知识，弘扬科学精神，践行绿色发展观，为建设美好地球村而努力。

翟裕生
2015年10月

贺　词

自然资源、自然环境、自然灾害，这些人类面临的重大课题都与地学密切相关，山东同仁编著的《解读地球密码》科普丛书以地学原理和地质事实科学、真实、通俗地回答了公众关心的问题。相信其出版对于普及地学知识，提高全民科学素质，具有重大意义，并将促进我国地学科普事业的发展。

国土资源部总工程师

编辑出版《解读地球密码》科普丛书，举行业之力，集众家之言，解地球之理，展齐鲁之貌，结地学之果，蔚为大观，实为壮举，必将广布社会，流传长远。人类只有一个地球，只有认识地球、热爱地球，才能保护地球、珍惜地球，使人地合一、时空长存、宇宙永昌、乾坤安宁。

山东省国土资源厅副厅长

编著者寄语

★ 地学是关于地球科学的学问。它是数、理、化、天、地、生、农、工、医九大学科之一，既是一门基础科学，也是一门应用科学。

★ 地球是我们的生存之地、衣食之源。地学与人类的生产生活和经济社会可持续发展紧密相连。

★ 以地学理论说清道理，以地质现象揭秘释惑，以地学领域广采博引，是本丛书最大的特色。

★ 普及地球科学知识，提高全民科学素质，突出科学性、知识性和趣味性，是编著者的应尽责任和共同愿望。

★ 本丛书参考了大量资料和网络信息，得到了诸作者、有关网站和单位的热情帮助和鼎力支持，在此一并表示由衷谢意！

科学指导

李廷栋 中国科学院院士、著名地质学家

翟裕生 中国科学院院士、著名矿床学家

编著委员会

主 任 刘俭朴 李 琥

副主任 张庆坤 王桂鹏 徐军祥 刘祥元 武旭仁 屈绍东
刘兴旺 杜长征 侯成桥 臧桂茂 刘圣刚 孟祥军

主 编 孔庆友

副主编 张天祯 方宝明 于学峰 张鲁府 常允新 刘书才

编 委 （以姓氏笔画为序）

卫 伟 王 经 王世进 王光信 王来明 王怀洪
王学尧 王德敬 方 明 方庆海 左晓敏 石业迎
冯克印 邢 锋 邢俊昊 曲延波 吕大炜 吕晓亮
朱友强 刘小琼 刘凤臣 刘洪亮 刘海泉 刘继太
刘瑞华 孙 斌 杜圣贤 李 壮 李大鹏 李玉章
李金镇 李香臣 李勇普 杨丽芝 吴国栋 宋志勇
宋明春 宋香锁 宋晓媚 张 峰 张 震 张永伟
张作金 张春池 张增奇 陈 军 陈 诚 陈国栋
范士彦 郑福华 赵 琳 赵书泉 郝兴中 郝言平
胡 戈 胡智勇 侯明兰 姜文娟 祝德成 姚春梅
贺 敬 徐 品 高树学 高善坤 郭加朋 郭宝奎
梁吉坡 董 强 韩代成 颜景生 潘拥军 戴广凯

编辑统筹 宋晓媚 左晓敏

目录
CONTENTS

掀开石墨的面纱

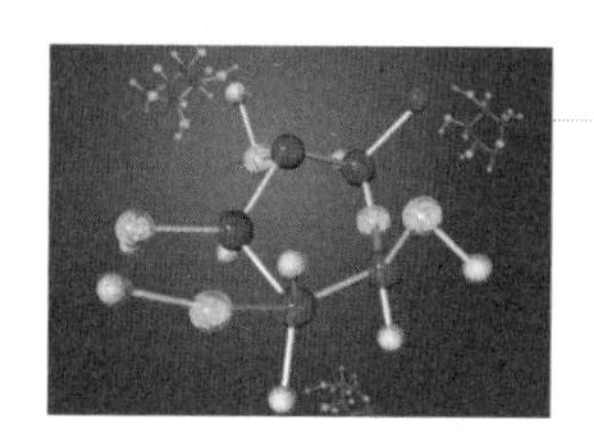

未来的战略资源/10

石墨用途广泛，特别是新型材料石墨烯的问世更是掀起了石墨应用的新高潮。石墨烯集合世界上最优质的各种材料品质于一身，具备最硬、最薄的特征，也具有很强的韧性、导电性和导热性。

Part 2 个性十足的石墨

最耐高温的矿物/14

石墨各碳原子之间以共价单键相连形成稳定正六边形的网状结构，需要极高的能量才能被破坏，所以石墨的熔点很高，约3 850℃±50℃，沸点为4 250℃，是最耐高温的矿物。冶金、铸造、机械、化工等工业部门用的石墨坩埚、耐火砖等耐高温材料就是利用它的这个特性。

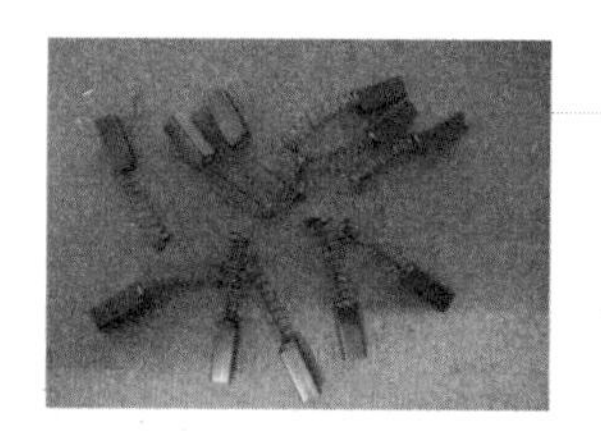

性能良好的导体/18

石墨是性能良好的导体。它的导电性比一般非金属矿高100倍，导热性超过钢、铁、铅等金属材料。石墨能够导电是因为它每个碳原子与其他碳原子只形成3个共价键，每个碳原子保留1个自由电子来传输电荷。电气工业广泛用它做电极、电刷、炭棒、炭管。

高温下的润滑剂/22

石墨是高温下的润滑剂，在有水蒸气和空气的条件下润滑效果更好。水和空气的存在使石墨的表面吸附了水和气体分子，增大了互相滑动的解理面间的距离。胶体石墨、石墨润滑油、石墨润滑乳、石墨润滑脂、干粉石墨润滑剂、镶嵌石墨轴承等都是良好的润滑材料。

Part 4 石墨在中国

中国石墨资源/53

中国石墨矿产资源分布较广。晶质石墨矿主要产在黑龙江、四川、山东、内蒙古、河南等地，其中黑龙江省储量最多，占全国储量的60%。隐晶质石墨矿主要分布在湖南、广东、吉林、陕西、北京等地，湖南、吉林和广东储量较大，占全国隐晶质石墨储量的94%。

中国著名的石墨矿/55

中国石墨矿床类型主要有三种，以黑龙江鸡西柳毛石墨矿为代表的区域变质型石墨矿，以湖南郴州鲁塘石墨矿为代表的接触变质型石墨矿，以新疆奇台县苏吉泉石墨矿为代表的岩浆热液型石墨矿。其中区域变质型石墨矿储量和矿区数量都占大多数。

Part 5 石墨在山东

山东石墨资源/64

山东石墨资源丰富，是我国晶质石墨的重要产区之一，查明资源储量在全国排名第四位，产量居全国第二位。共有矿区21处，分布相对集中，主要分布于胶东地区的平度、莱西、莱阳、牟平等地，均为区域变质型石墨矿床。

山东著名的石墨矿/64

山东省的石墨矿主要集中在胶东的平度和莱西，从大地构造位置上看，属于胶北隆起区。在众多的大中型石墨矿床中，莱西南墅石墨矿和平度刘戈庄石墨矿属国内典型的区域变质型大型晶质石墨矿床。

Part 6 插上翅膀的石墨

地学知识窗

Part 1 掀开石墨的面纱

美丽的地球上有着各种各样的矿物，有些矿物早已被人们采掘利用，石墨就是其中之一。

你所熟知的石墨，大概就是黑黑的、软硬适中的铅笔芯了，哦对了，高中物理也告诉过你电池里面也有石墨。其实，早在3 000多年前的商代就有用石墨书写的文字。中国发现和利用石墨的历史悠久，《水经注》就载有“洛水侧有石墨山。山石尽黑，可以书疏，故以石墨名山矣”。

石墨因其自身的特殊性质，成为我们日常生活中不可或缺的物质。你身边的石墨有哪些？你想知道石墨是怎么形成的吗？让我们一起来走近石墨，掀开石墨的神秘面纱吧！

石墨你好

石墨的名字来源于希腊文“graphein”，意为“用来写”，由德国化学家和矿物学家A. G. Werner于1789年命名。它是由碳元素组成的以单质形式产出的矿物（图1-1）。

中国发现和利用石墨的历史悠久。从考古挖掘出来的甲骨、玉片、陶片来看，早在3 000多年前的商代就有用石墨书写的文字，一直延续至东汉末年（220年），石墨作为书墨才被松烟制墨所取代。清朝道光年间（1821~1850年），湖南郴州农民开采石墨做燃料，称之为“油碳”。

20世纪初期，用石墨制造电池和铅笔的技术传入中国，当时称为“电煤”和“笔铅”的石墨开始用于近代工业，推动了中国石墨采掘业的发展。

图1-1　石墨

一、碳族元素

元素，又称化学元素，指自然界中100多种基本的金属和非金属物质，它们只由一种原子组成，其原子中的每一核子具有同样数量的质子（图1-2），用一般的化学方法不能使之分解，并且能构成一切物质。到2007年为止，总共有118种元素（图1-3）被发现，其中94种存在于地球上。常见元素有氢、氮和碳等。

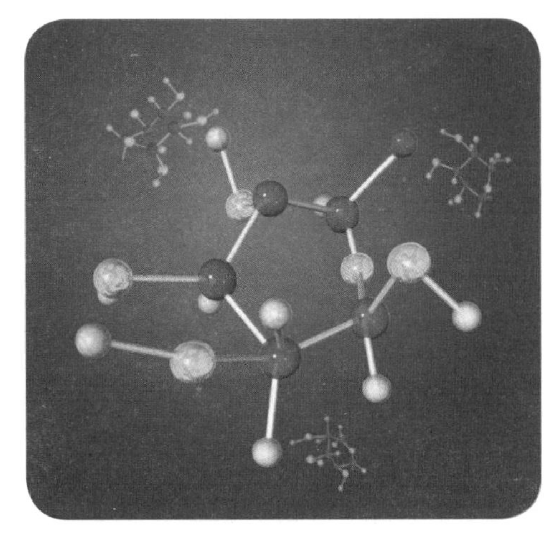

图1-2 元素结构示意图

碳族元素（Carbon group）位于元

图1-3 元素周期表

元素周期表

图例：92 U 铀 $5f^36d^17s^2$ 238.0
- 原子序数
- 元素符号，红色指放射性元素
- 元素名称 注*的是人造元素
- 外围电子层排布，括号指可能的电子层排布
- 相对原子质量（加括号的数据为该放射性元素半衰期最长同位素的质量数）

非金属　金属　过渡元素

周期＼族	IA 1	IIA 2	IIIB 3	IVB 4	VB 5	VIB 6	VIIB 7	VIII 8	VIII 9	VIII 10	IB 11	IIB 12	IIIA 13	IVA 14	VA 15	VIA 16	VIIA 17	0 18	电子层	0族电子数
1	1 H 氢 $1s^1$ 1.008																	2 He 氦 $1s^2$ 4.003	K	2
2	3 Li 锂 $2s^1$ 6.941	4 Be 铍 $2s^2$ 9.012											5 B 硼 $2s^22p^1$ 10.81	6 C 碳 $2s^22p^2$ 12.01	7 N 氮 $2s^22p^3$ 14.01	8 O 氧 $2s^22p^4$ 16.00	9 F 氟 $2s^22p^5$ 19.00	10 Ne 氖 $2s^22p^6$ 20.18	L K	8 2
3	11 Na 钠 $3s^1$ 22.99	12 Mg 镁 $3s^2$ 24.31											13 Al 铝 $3s^23p^1$ 26.98	14 Si 硅 $3s^23p^2$ 28.09	15 P 磷 $3s^23p^3$ 30.97	16 S 硫 $3s^23p^4$ 32.06	17 Cl 氯 $3s^23p^5$ 35.45	18 Ar 氩 $3s^23p^6$ 39.95	M L K	8 8 2
4	19 K 钾 $4s^1$ 39.10	20 Ca 钙 $4s^2$ 40.08	21 Sc 钪 $3d^14s^2$ 44.96	22 Ti 钛 $3d^24s^2$ 47.87	23 V 钒 $3d^34s^2$ 50.94	24 Cr 铬 $3d^54s^1$ 52.00	25 Mn 锰 $3d^54s^2$ 54.94	26 Fe 铁 $3d^64s^2$ 55.85	27 Co 钴 $3d^74s^2$ 58.93	28 Ni 镍 $3d^84s^2$ 58.69	29 Cu 铜 $3d^{10}4s^1$ 63.55	30 Zn 锌 $3d^{10}4s^2$ 65.41	31 Ga 镓 $4s^24p^1$ 69.72	32 Ge 锗 $4s^24p^2$ 72.64	33 As 砷 $4s^24p^3$ 74.92	34 Se 硒 $4s^24p^4$ 78.96	35 Br 溴 $4s^24p^5$ 79.90	36 Kr 氪 $4s^24p^6$ 83.80	N M L K	8 18 8 2
5	37 Rb 铷 $5s^1$ 85.47	38 Sr 锶 $5s^2$ 87.62	39 Y 钇 $4d^15s^2$ 88.91	40 Zr 锆 $4d^25s^2$ 91.22	41 Nb 铌 $4d^45s^1$ 92.91	42 Mo 钼 $4d^55s^1$ 95.94	43 Tc 锝 $4d^55s^2$ [98]	44 Ru 钌 $4d^75s^1$ 101.1	45 Rh 铑 $4d^85s^1$ 102.9	46 Pd 钯 $4d^{10}$ 106.4	47 Ag 银 $4d^{10}5s^1$ 107.9	48 Cd 镉 $4d^{10}5s^2$ 112.4	49 In 铟 $5s^25p^1$ 114.8	50 Sn 锡 $5s^25p^2$ 118.7	51 Sb 锑 $5s^25p^3$ 121.8	52 Te 碲 $5s^25p^4$ 127.6	53 I 碘 $5s^25p^5$ 126.9	54 Xe 氙 $5s^25p^6$ 131.3	O N M L K	8 18 18 8 2
6	55 Cs 铯 $6s^1$ 132.9	56 Ba 钡 $6s^2$ 137.3	57~71 La~Lu 镧系	72 Hf 铪 $5d^26s^2$ 178.5	73 Ta 钽 $5d^36s^2$ 180.9	74 W 钨 $5d^46s^2$ 183.8	75 Re 铼 $5d^56s^2$ 186.2	76 Os 锇 $5d^66s^2$ 190.2	77 Ir 铱 $5d^76s^2$ 192.2	78 Pt 铂 $5d^96s^1$ 195.1	79 Au 金 $5d^{10}6s^1$ 197.0	80 Hg 汞 $5d^{10}6s^2$ 200.6	81 Tl 铊 $6s^26p^1$ 204.4	82 Pb 铅 $6s^26p^2$ 207.2	83 Bi 铋 $6s^26p^3$ 209.0	84 Po 钋 $6s^26p^4$ [209]	85 At 砹 $6s^26p^5$ [210]	86 Rn 氡 $6s^26p^6$ [222]	P O N M L K	8 18 32 18 8 2
7	87 Fr 钫 $7s^1$ [223]	88 Ra 镭 $7s^2$ [226]	89~103 Ac~Lr 锕系	104 Rf 𬬻* $(6d^27s^2)$ [261]	105 Db 𬭊* $(6d^37s^2)$ [262]	106 Sg 𬭳* [266]	107 Bh 𬭛* [264]	108 Hs 𬭶* [277]	109 Mt 鿏* [268]	110 Ds 𫟼* [281]	111 Rg 𬬭* [272]	112 Uub * [285]	……							

镧系	57 La 镧 $5d^16s^2$ 138.9	58 Ce 铈 $4f^15d^16s^2$ 140.1	59 Pr 镨 $4f^36s^2$ 140.9	60 Nd 钕 $4f^46s^2$ 144.2	61 Pm 钷 $4f^56s^2$ [145]	62 Sm 钐 $4f^66s^2$ 150.4	63 Eu 铕 $4f^76s^2$ 152.0	64 Gd 钆 $4f^75d^16s^2$ 157.3	65 Tb 铽 $4f^96s^2$ 158.9	66 Dy 镝 $4f^{10}6s^2$ 162.5	67 Ho 钬 $4f^{11}6s^2$ 164.9	68 Er 铒 $4f^{12}6s^2$ 167.3	69 Tm 铥 $4f^{13}6s^2$ 168.9	70 Yb 镱 $4f^{14}6s^2$ 173.0	71 Lu 镥 $4f^{14}5d^16s^2$ 175.0
锕系	89 Ac 锕 $6d^17s^2$ [227]	90 Th 钍 $6d^27s^2$ 232.0	91 Pa 镤 $5f^26d^17s^2$ 231.0	92 U 铀 $5f^36d^17s^2$ 238.0	93 Np 镎 $5f^46d^17s^2$ [237]	94 Pu 钚 $5f^67s^2$ [244]	95 Am 镅* $5f^77s^2$ [243]	96 Cm 锔* $5f^76d^17s^2$ [247]	97 Bk 锫* $5f^97s^2$ [247]	98 Cf 锎* $5f^{10}7s^2$ [251]	99 Es 锿* $5f^{11}7s^2$ [252]	100 Fm 镄* $5f^{12}7s^2$ [257]	101 Md 钔* $(5f^{13}7s^2)$ [258]	102 No 锘* $(5f^{14}7s^2)$ [259]	103 Lr 铹* $(5f^{14}6d^17s^2)$ [262]

注：
相对原子质量录自2001年国际原子量表，并全部取4位有效数字。

素周期表中ⅣA族，包括碳（C）、硅（Si）、锗（Ge）、锡（Sn）、铅（Pb）、鈇（Fl）6种元素。其中，碳、硅是非金属，锡、铅、鈇（fū）是金属，锗是半金属。本族元素随着原子序数的增加电子层数逐渐增加，原子核对外层电子的引力逐渐减弱，非金属性逐渐减弱（得电子能力减弱），金属性逐渐增强（失电子能力增强），化学性质差异很大。

碳以化合物形态存在于动植物界的量很大，没有一种有机体不含有碳的化合物。硅在矿物界的重要性相当于碳在生物界。锗早已是著名的半导体材料。锡和铅在地壳内的量虽然稀少，但由于容易从富矿中提炼，很早就有广泛的用途。就它们价态的稳定性来说，碳和硅的主要价态是+4，而锗、锡、铅的稳定价态则随原子序数的增加逐渐由+4变到+2，这是惰性电子对效应。碳、硅有很强的成链能力，C－C键能大，碳原子间成链趋势大。Si－O键能大，自然界中大量存在着以硅氧链组成的各种硅酸盐。碳是第2周期的元素，最多只能形成配位数为4的配合物。其他元素有d轨道可以动用，通常能形成配位数为6的配合物。

碳的单质有3种同素异形体，即金刚石、石墨和无定形碳（图1-4），其中无定形碳是指木炭、焦碳、碳黑等。它们实

金刚石

石墨

无定形碳

图1-4　金刚石、石墨和无定形碳（碳黑）

——地学知识窗——

石墨和金刚石的区别

石墨和金刚石都是碳元素的单质，称为“同素异形体”，化学性质基本相同，区别在于物理性质上。

石墨原子构成正六边形，是平面结构，呈片状。金刚石原子为正四面体结构，呈金字塔形。金刚石是目前自然界中已知最硬的物质，而石墨却是最软的物质之一。哥儿俩被称作“硬大哥”和“软弟弟”，脾性真有天壤之别。

六方晶系

根据晶体理想外形或综合宏观物理性质中呈现的特征对称元素，晶体结构可划分为立方、六方、三方、四方、正交、单斜、三斜等7类，即为7个晶系。

六方晶系（hexagonal system）有4个结晶轴，唯一高次轴方向有六重轴或六重反轴。有一个6次对称轴或者6次倒转轴，该轴是晶体的直立结晶轴c轴。另外三个水平结晶轴正端互成120°夹角。轴角$\alpha=\beta=90°$，$\gamma=120°$，轴单位$a=b\neq c$。

际上是石墨的微晶体。

二、石墨的特性

石墨在晶体结构上属于六方晶系，单体呈片状或板状，常呈鳞片状或块状集合体。它的硬度很低，莫氏硬度等级为1，属于软性物质。由于其特殊结构，石墨具有其特殊性质。

1. 耐高温性

石墨的熔点为3 850℃±50℃，沸点为4 250℃，即使经超高温电弧灼烧，重量的损失很小，热膨胀系数也很小。石墨强度随温度提高而加强，在2 000℃时石墨强度提高一倍。

2. 导电、导热性

石墨的导电性比一般非金属矿高100倍，导热性超过钢、铁、铅等金属材料。其导热系数随温度升高而降低，甚至在极高的温度下变成绝热体。石墨能够导电是因为石墨中每个碳原子与其他碳原子只形成3个共价键，每个碳原子仍然保留1个自由电子来传输电荷。

3. 润滑性

石墨的润滑性能取决于石墨鳞片的大小，鳞片越大，摩擦系数越小，润滑性能越好。

4. 化学稳定性

石墨在常温下有良好的化学稳定性，耐酸、耐碱、耐有机溶剂的腐蚀。

5. 可塑性

石墨的韧性好，可碾成很薄的薄片。

6. 抗热震性

石墨在常温下使用能经受住温度的剧烈变化而不致破坏，温度突变时，石墨的体积变化不大，不会产生裂纹。

石墨长什么样

工业上将石墨矿石分为晶质（鳞片状）石墨矿石和隐晶质（土状）石墨矿石两大类。

一、晶质石墨

晶质石墨又称鳞片状石墨（图1-5）。呈鳞片状、薄叶片状，鳞片大小一般为（10~20）mm×（0.5~10）mm，片厚0.02~0.05 mm。鳞片愈大，经济价值愈高。此类石墨的润滑性、可塑性、耐热和导电性能均比其他石墨好，主要做提取高纯石墨制品的原料。

晶质石墨矿石按其所赋存岩石的岩性不同，分片麻岩型、片岩型、透辉岩型、变粒岩型、混合岩型、大理岩型及花岗岩型等7种，前六种矿石类型产于区域变质成因矿床中，后一种矿石类型则产于岩浆热液成因矿床中。

晶质石墨品种，按含碳量的高低分类：含碳量在99.99%~99.9%之间为高纯石墨，含碳量在99%~94%之间为高碳石墨，含碳量在93%~80%之间为中碳石墨，含碳量在75%~50%之间为低碳石墨。

晶质石墨广泛用于冶金工业的高级耐火材料与涂料。如镁碳砖、坩埚；军事工业的火工材料安定剂；冶炼工业的脱硫增速剂；轻工业的铅笔芯；电气工业的炭刷；电池工业的手机电池、电动汽车电

——地学知识窗——

矿石品位

矿石品位指单位体积或单位重量矿石中有用组分或有用矿物的含量。一般以重量百分比表示（如铁、铜、铅、锌等矿），有的用g/T表示（如金、银等矿），有的用g/m³表示（如砂金矿等），有的用g/L表示（如碘、溴等化工原料矿产）。矿石品位是衡量矿床经济价值的主要指标。

图1-5　晶质石墨

池、电极；化肥工业的催化剂等。鳞片石墨经过深加工，又可以生产出石墨乳，用于润滑剂、脱模剂、拉丝剂、导电涂料等。还可以生产膨胀石墨，用于柔性石墨制品原料，如柔性石墨密封件及柔性石墨复合材料制品等。

二、隐晶质石墨

隐晶质石墨又称非晶质石墨或土状石墨（图1-6）。这种石墨的晶体直径一般小于1μm，是微晶石墨的集合体，只有在电子显微镜下才能见到晶形。此类石墨的特点：呈灰黑色、钢灰色，具有致密块状、土状及层状、页片状构造；表面呈土状，缺乏光泽，润滑性也差；品位较低，一般为60%~80%，少数高达90%。矿物成分以石墨为主，伴生有红柱石、水云母、绢云母及少量黄铁矿、电气石、褐铁矿、方解石等。品位一般为60%~80%，灰分为15%~22%，挥发分为1%~2%，水分为2%~7%。矿石可选性较差。工艺性能不如晶质石墨，工业应用范围也较小，一般多用于铸造行业。

隐晶质石墨矿石

显微镜下的隐晶质石墨

图1-6 隐晶质石墨

石墨从哪里来

一、形成

石墨与煤，虽然化学成分都是碳（C），但它们的形成条件却是迥然不同的。煤是过去地质年代中的大量植物，由于地质作用深埋地下，在隔氧的环境里形成的。

根据实验：用无烟煤在电炉中隔绝空气加热至2 500℃以上可获得工业石墨；用烟煤与CaF_2混入硅酸熔融体中，然后缓慢冷却也可形成六方板状石墨晶体。这说明石墨可在碳浓度很高和相当高的温度下由煤还原而成。

石墨按照碳的来源有生物和非生物两种成因。生物成因是指石墨由有机质直接变成，最常见于大理岩、片岩或片麻岩中。煤层或含碳沉积岩可经热变质作用部分形成石墨，少量石墨是火成岩的原生矿物。分布最广的是石墨的变质矿床，系由富含有机质或碳质的沉积岩经区域变质作用而成。著名产地有美国纽约的提康德罗加、马达加斯加、斯里兰卡、中国黑龙江省鸡西市柳毛等。

非生物成因是指通过CO和CO_2还原出碳来实现，反应过程通常是$2CO \rightleftharpoons C+CO_2$；$2CO+2H_2O \rightleftharpoons 2CO_2+2H_2$，$2CO+2H_2 \rightleftharpoons 2C+2H_2O$。

在岩浆岩与石灰岩的接触带，常有石墨产出，这是由于石灰岩分解出二氧化碳，又经变质作用而形成的。

任何石墨矿床的形成，必须碳质集中和有适宜的热力学条件，几乎所有的工业石墨矿床都出自变质作用或内生作用，变质作用产出的石墨工业价值最大。

——地学知识窗——

石墨与煤炭的区别

煤炭是混合物，石墨是纯净物；石墨能导电，而煤炭不导电；二者均为黑色，有光泽，密度相近；石墨软，能用来制作电机的炭刷和铅笔芯，煤炭比石墨硬；煤炭可经热变质作用形成石墨。

二、成矿时代

中国的石墨矿床主要形成于三个重要时期，第一个重要时期是距今6 700万~2.3亿年之间（又名为“接触变质及岩浆热液成矿期”），第二个重要时期是距今4亿~11亿年之间（又名为“区域变质第Ⅱ成矿期”），第三个重要时期是距今17亿年之前（又名为“区域变质第Ⅰ成矿期”）。

第一个重要成矿期，地质学专业名词为喜马拉雅期–印支期。成矿作用发生在古欧亚大陆基本形成到开始部分解体的时期，这个时期，环太平洋和青藏高原等区域发生了强烈的构造活动。在中国东部环太平洋等地，地震等构造活动引起了地球内部岩浆沿着断层等构造带上涌，中酸性岩浆侵入到含煤地层内，发生了接触变质作用，煤层变质形成隐晶质石墨矿床。而在新疆、西藏等中国西部的一些地方，中酸性岩体侵入后形成了岩浆期后热液，在热液的作用下，含碳的岩石形成了晶质石墨矿床。

第二个重要成矿期，地质学专业名词为加里东期–晋宁期。成矿作用发生于中国大陆基本形成并开始解体的早期阶段，多见于褶皱隆起区，如佳木斯隆起、哀牢山褶皱带、金沙江褶皱带、武夷山褶皱区、云开山褶皱区等地，由于区域变质作用形成晶质石墨矿床。

第三个重要成矿期，地质学专业名词为吕梁期－迁西期。成矿作用发生在中国大陆逐步形成和发展的阶段，那时候在中国大陆的核心区域和外围的一些拼接部位，由于区域变质作用形成晶质石墨矿床。

未来的战略资源

石墨用途广泛，除可做铅笔芯、颜料、抛光剂外，经过特殊加工，可以制作各种特殊材料，如耐火材料、导电材料、耐磨润滑材料等，广泛应用于石油化工、湿法冶金、酸碱生产、合成纤维、造纸等工业部门；作为动力用的原子能反应堆中的减速材料，用于原子能工业和国防工业。特别是新型材料石墨烯的问世，更是掀起了石墨应用的新高潮。石墨烯是碳原子紧密堆积成单层二维蜂窝状晶格结构的一种新型的二维碳材料，厚度只有0.033 5 nm，仅为头发的二十万分之一，是构建其他维数碳材料（零维富勒烯、一维纳米管、三维石墨，金刚石）的基本单元。

石墨烯（Graphene）的命名来自英文的graphite（石墨）+ －ene（烯类结尾）。它一直被认为是假设性的结构，无法单独稳定存在。2004年，英国曼彻斯特大学物理学家安德烈·海姆和康斯坦丁·诺沃肖洛夫成功地从石墨中分离出石墨烯（图1－7），而证实它可以单独存在，两人也因“在二维石墨烯材料的开创性实验”共同获得了2010年诺贝尔物理学奖（图1－8）。

石墨烯的碳原子排列与石墨的单原子层雷同，是碳原子以呈蜂巢晶格排列构成的单层二维晶体。石墨烯可想象为由碳原子和其共价键所形成的原子尺寸网。石墨烯被认为是平面多环芳香烃原子晶体。石墨烯内部碳原子之间的连接很柔韧，当施加外力于石墨烯时，碳原子面会弯曲变形，使得碳原子不必重新排列来适应外力，从而保持结构稳定。这种稳定的晶格结构使石墨烯具有优秀的导热性。另外，石墨烯中的电子在轨道中移动时，不会因

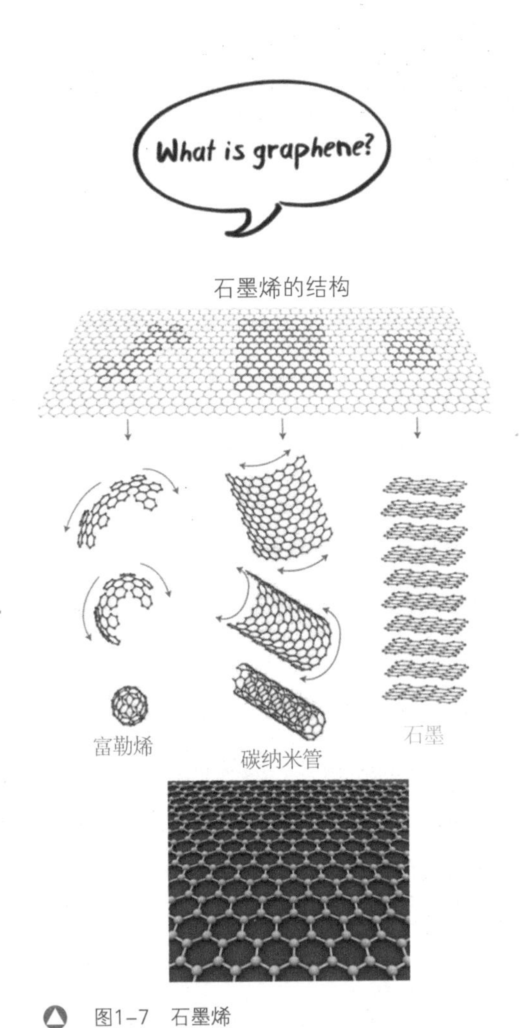

图1–7　石墨烯

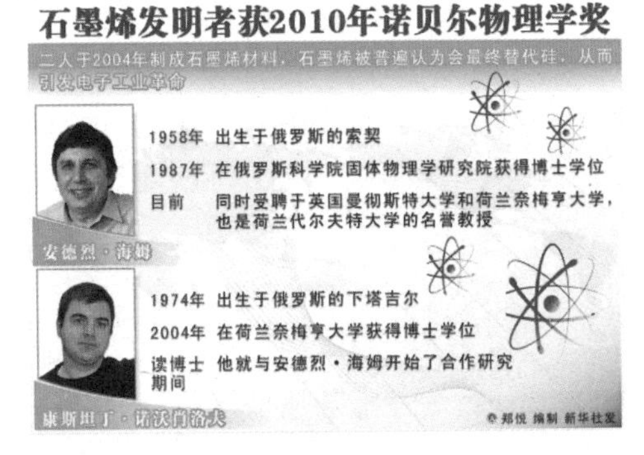

图 1–8　石墨烯发明者

晶格缺陷或引入外来原子而发生散射。由于原子间作用力十分强，在常温下，即使周围碳原子发生挤撞，石墨烯内部电子受到的干扰也非常小。

石墨烯是一种二维晶体，最大的特性是其中电子的运动速度达到了光速的1/300，远远超过了电子在一般导体中的运动速度。这使得石墨烯中的电子［或更准确地称为“载荷子”（electric charge carrier）］的性质和中微子非常相似。人们常见的石墨是由一层层以蜂窝状有序排列的平面碳原子堆叠而形成的，石墨的层间作用力较弱，很容易互相剥离，形成薄薄的石墨片。当把石墨片剥成单层之后，这种只有一个碳原子厚度的单层就是石墨烯。

石墨烯卷成圆筒形可以成为碳纳米管，石墨烯还被做成弹道晶体管（ballistic transistor）并且引起了大批科学家的兴趣 。在2006年3月，美国佐治亚理工学院研究员宣布，他们成功地制造了石墨烯平面场效应晶体管，观测到了量子干涉效应，基于此结果，研究出以石墨烯为基材的电路。

石墨烯是世上最薄也是最坚硬的纳米材料，几乎是完全透明的，只吸收2.3%的光；导热系数高达5 300 W/（m·K），高于碳纳米管和金刚石，常温下其电子迁移率超过15 000 cm^2/（V·s），又比纳米碳管或硅晶体高；电阻率为10 Ω·cm~6 Ω·cm，比铜或银更低，为世上电阻率最小的材料。因为它的电阻率极低，电子跑的速度极快，因此被期待可用来发展出更薄、导电速度更快的新一代电子元件或晶体管。由于石墨烯实质上是一种透明、良好的导体，也适合用来制造透明触控屏幕、光板，甚至太阳能电池。

石墨烯的出现在科学界激起了巨大的波澜，人们发现石墨烯具有非同寻常的导电性能、超出钢铁数十倍的强度和极好的透光性，它有望在现代电子科技领域引发新一轮革命。在石墨烯中，电子能够极为高效地迁移，而传统的半导体和导体（如硅和铜）远没有石墨烯表现得好。由于电子和原子的碰撞，传统的半导体和导体用热的形式释放了一些能量，目前一般的电脑芯片以这种方式浪费了72%~81%的电能，石墨烯则不同，它的电子能量不会被损耗，这使它具有了非同寻常的优良特性。

石墨烯特殊的结构形态，使其具备目前世界上最硬、最薄的特征，也具有很强的韧性、导电性和导热性。这些特性使其拥有无比巨大的发展空间，可以应用于电子、航天、光学、储能、生物医药、日常生活等大量领域。石墨烯集合了世界上最优质的各种材料的品质于一身，如果说20世纪是硅的世纪，石墨烯则开创了21世纪的新材料纪元，将给世界带来实质性变化。

Part 2 个性十足的石墨

石墨是大自然给人类的瑰宝，蕴藏着无数的秘密等待着我们去探索、去发现。

经过不断的探索，人们已经发现了石墨的很多性能：具有高熔点、抗腐蚀、不溶于酸而用于制作高温坩埚，因良好润滑性而将其作为润滑剂，有良好导电性而制作电极，纯净的石墨又可做中子减速剂，3R型石墨还可用于合成金刚石。

由于石墨的特殊构造，人类将其运用于冶金、铸造、机械、电器、化学、轻工、原子能及国防等等。随着国民经济的飞速发展，它的用途将越来越多。

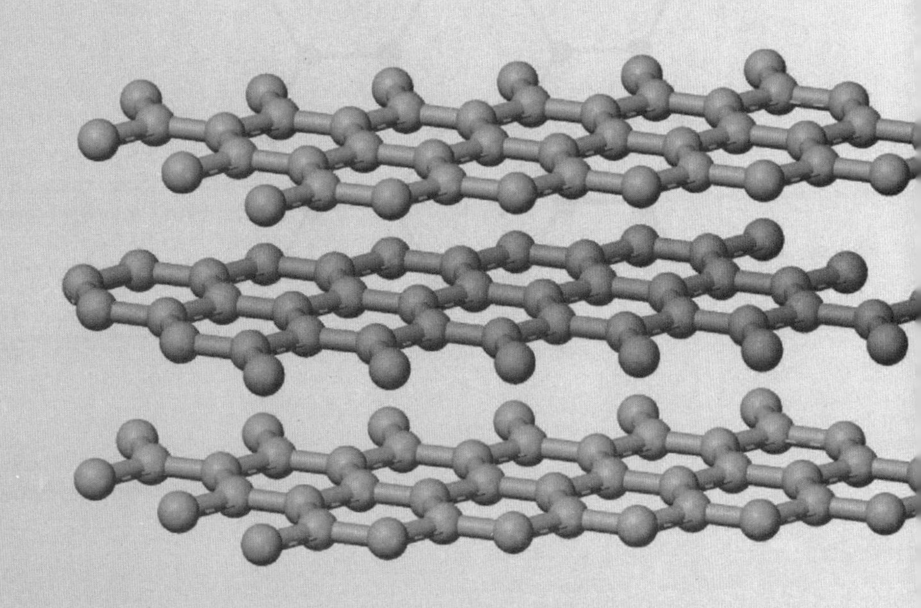

最耐高温的矿物

一、石墨为什么耐高温

石墨为原子晶体，碳原子之间以共价单键相连形成稳定正六边形的网状结构（图2-1）。共价单键是一种键能很高的化学键，需要极高的能量才能被破坏。所以，石墨的熔点很高，约3 850℃±50℃，沸点为4 830℃，即使经超高温电弧灼烧，重量的损失很小，热膨胀系数也很小。

利用石墨耐高温的性质，冶金、铸造、机械、化工等工业部门主要用它来制造石墨坩埚，在炼钢中常用它做钢锭的保护剂、冶金炉的内衬等。用石墨做的设备种类比较多，工业上需求量也比较大，

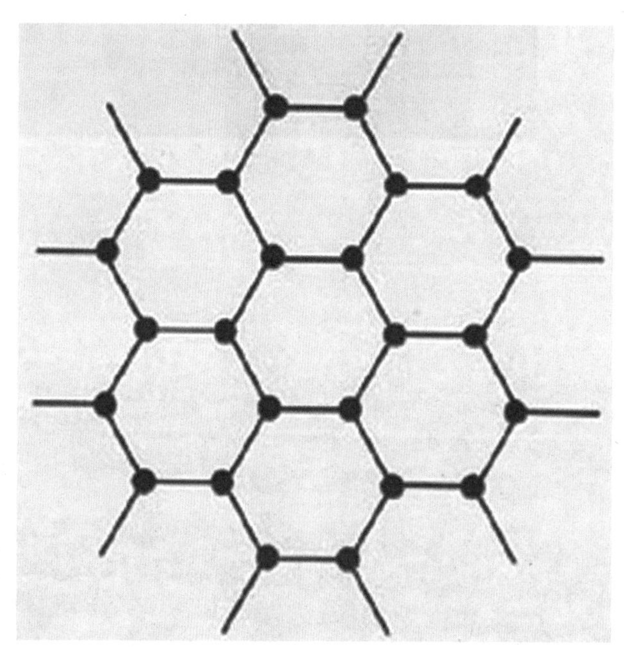

图2-1 石墨晶体的平面网状结构示意图

许多贵重金属和稀有金属冶炼用的坩埚、熔化石英玻璃等所用的石墨化坩埚、耐火砖、连续铸造粉、铸模芯、铸模洗涤剂等高温材料都是用石墨化坯料加工制成的。

二、耐高温石墨制品

1. 石墨坩埚

石墨坩埚（图2-2）具有良好的热导性和耐高温性，在高温使用过程中，热膨胀系数小，对急热、急冷具有一定抗应变性能。对酸、碱性溶液的抗腐蚀性较强，具有优良的化学稳定性，所以被广泛用于合金工具钢的冶炼、有色金属及其合金的熔炼，并有着较好的技术经济效果。

优质的石墨坩埚具有以下特点：

密度高、导热好。石墨坩埚的高密度使其具备良好的导热性能，其导热效果明显优于其他坩埚。

特制釉层耐腐蚀。石墨坩埚外表有特制的釉层和致密的成形材料，大大提高了产品的耐腐蚀性能，延长了使用寿命。

天然石墨为原料。石墨坩埚的石墨成分全部采用天然石墨，导热性非常好。

2. 镁碳砖

镁碳砖（图2-3）是以高熔点碱性氧化物氧化镁（熔点2 800℃）和难以被炉渣侵润的高熔点碳素材料（鳞片石墨）作为原料，添加各种非氧化物添加剂，用碳质结合剂结合而成的不烧碳复合耐火材料。镁碳砖多用于冶金行业，主要用于转炉、交流电弧炉、直流电弧炉的内衬以及钢包的渣线等部位。

镁碳砖作为一种复合耐火材料，有效地利用了镁砂的抗渣侵蚀能力强、碳的高导热性及低膨胀性，补偿了镁砂耐剥落性差的最大缺点。

其主要特点：

具有良好的耐高温性能，抗渣能力强，抗热震性好，高温蠕变低。

图 2-2　各种规格的石墨坩埚

图2-3　镁碳砖

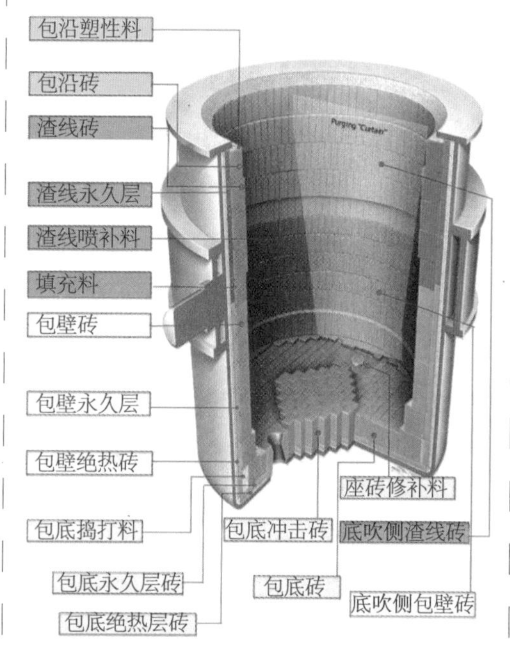

钢包镁碳砖内衬方案

图2-4　镁碳砖在炼钢转炉中的应用

镁碳砖耐火材料于20世纪60年代中期由美国研制成功，70年代日本炼钢业开始把镁碳砖用于水冷却电弧炉。目前在世界范围内镁碳砖大量用于炼钢，并已成为石墨的一种传统用途（图2-4）。80年代初，镁碳砖开始用于氧气顶吹转炉的炉衬。镁碳砖属于炼钢耗材，耐高温1 700℃左右。

低碳镁碳砖是镁碳砖的发展方向之一。对于低碳镁碳砖来说，最为关键的是要提高其抗热剥落性能和抗渣渗透性能。基于复合结合剂和纳米结构基质开发的低碳镁碳砖，可以有效地解决碳含量降低后材料抗结构剥落和抗渣渗透性差的问题，又可使材料的导热率大幅度减低，从而有效地解决传统镁碳砖在应用过程中存在的主要问题。

3. 石墨模具

模具是工业生产中使用极为广泛的基础工艺装备。在现代工业生产中，广泛采用冲压成形、锻压成形、压铸成形、挤压成形、塑料注射或其他成形加工方法，与成形模具相配套，使坯料加工成符合产品要求的零部件。日常生产、生活中所使用到的各种工具和产品，大到机床底座、机身外壳，小到螺丝、纽扣及各种家用电器的外壳，无不与模具有着密切的关系。模具的形状决定着这些产品的外形，模具的加工质量与精度也就决定着这些产品的质量。石墨以其良好的物理和化学性能成为模具制作的首选材料。

目前，石墨模具主要在有色金属连续铸造及半连续铸造、加压铸造、离心铸造、热压压模、玻璃成形、烧结等方面得到了广泛的应用，如图2-5至图2-8所示。

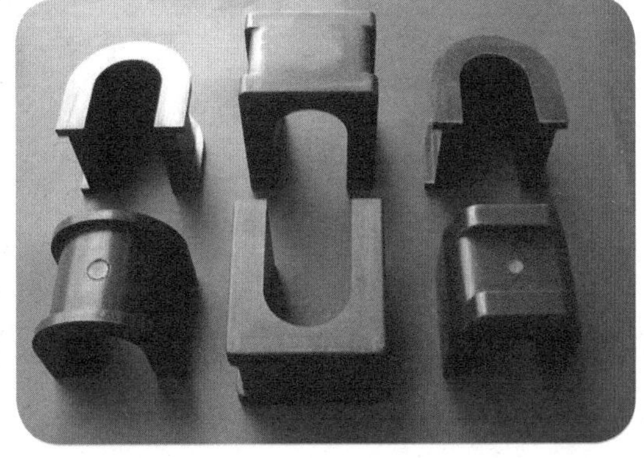

图2-5 热压石墨模具

图 2-6 烧结石墨模具

图2-7 地质钻头模具

图2-8 石墨槽

性能良好的导体

一、石墨为什么导电

石墨的导电性比一般非金属矿高100倍。石墨中每个碳原子的周边联结着另外3个碳原子，排列成蜂巢式的多个六边形，由于每个碳原子均会放出一个电子，那些电子能够自由移动，因此石墨属于导电体。

石墨在电气工业中广泛用来做电极、电刷（图2-9）、炭棒、炭管（图2-10）、水银整流器的正极、石墨垫圈（图2-11）、电话零件、电视机显像管的涂层等等。其中，以石墨电极应用最广，在冶炼各种合金钢、铁合金时使用石墨电极，强大的电流通过电极导入电炉的熔炼区，产生电弧，使电能转化为热能，温度升高到2 000℃左右，从而达到熔炼或反应的目的。此外，在电解金属镁、铝、钠时，电解槽的阳极用石墨电极，生产刚砂的电阻炉也用石墨电极做炉头导电材料。

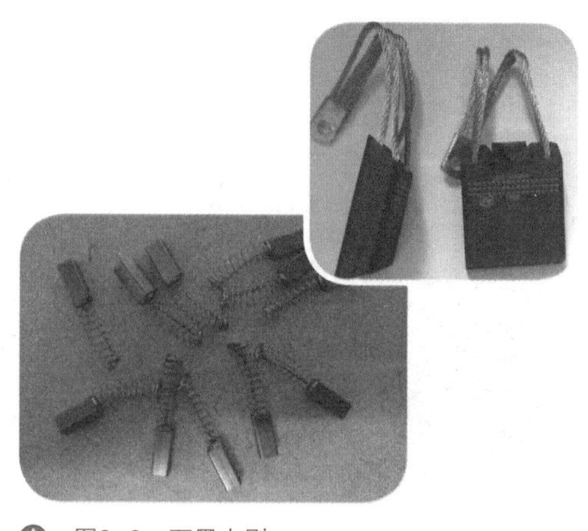

图2-9 石墨电刷

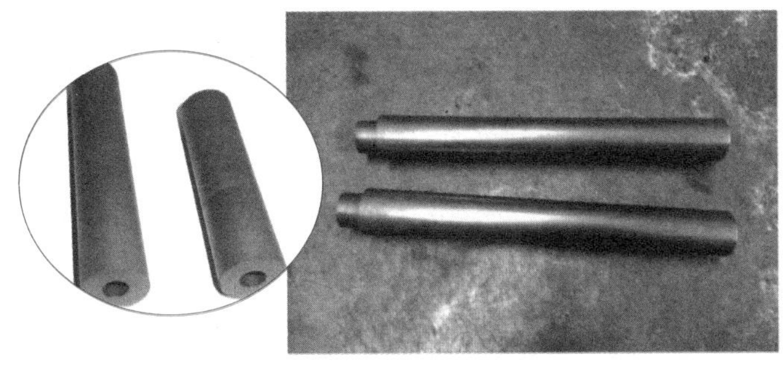

图2-10 炭管、炭棒

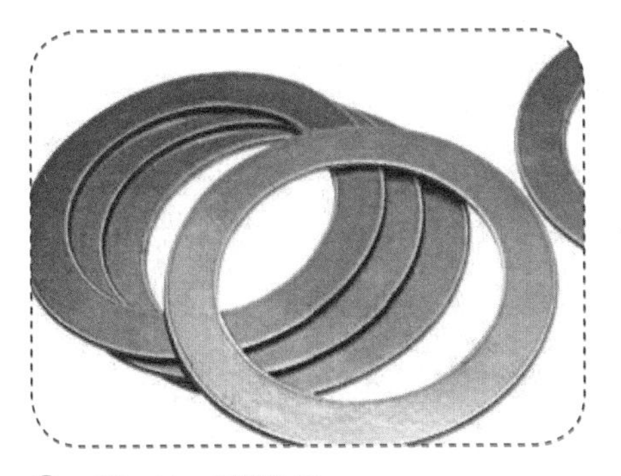

图2-11 石墨垫圈

——地学知识窗——

电 刷

电刷是用运动件做滑动接触而形成电连接的一种导电部件。它的作用就是接通有相对运动的两个物体之间的电流。电刷是用于换向器或滑环上，作为导入、导出电流的滑动接触体。它的导电、导热及润滑性能良好，并具有一定的机械强度。几乎所有的直流电机及换向式电机都使用电刷。

二、导电石墨产品

1. 石墨电极

（1）普通功率石墨电极：允许使用电流密度低于17A/cm^{2}的石墨电极，主要用于炼钢、炼硅、炼黄磷等的普通功率电炉。导电石墨还多用于电池产品（图2-12）。

（2）抗氧化涂层石墨电极：表面涂覆一层抗氧化保护层（石墨电极抗氧化剂）的石墨电极。这种既能导电又耐高温氧化的保护层，可降低炼钢时的电极消耗（19%~50%），延长电极的使用寿命（22%~60%），可降低电极的电能消耗。这种技术在国内尚处于起步阶段，在日本等发达国家得到比较广泛的应用。

（3）高功率石墨电极：允许使用电流密度为18 A/cm^2 ~ 25 A/cm^{2}的石墨电极，主要用于炼钢的高功率电弧炉（图2-13）。

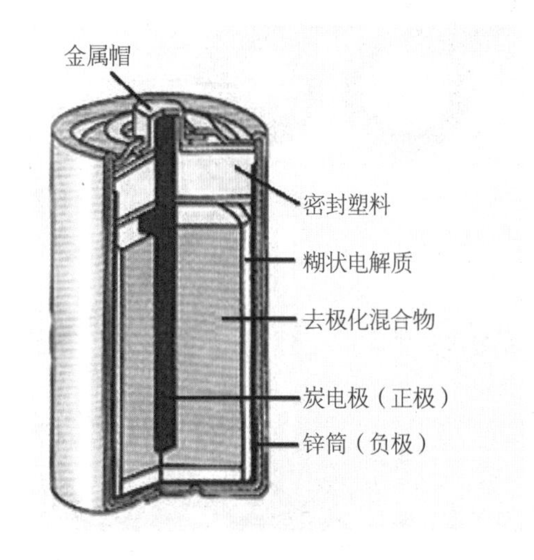

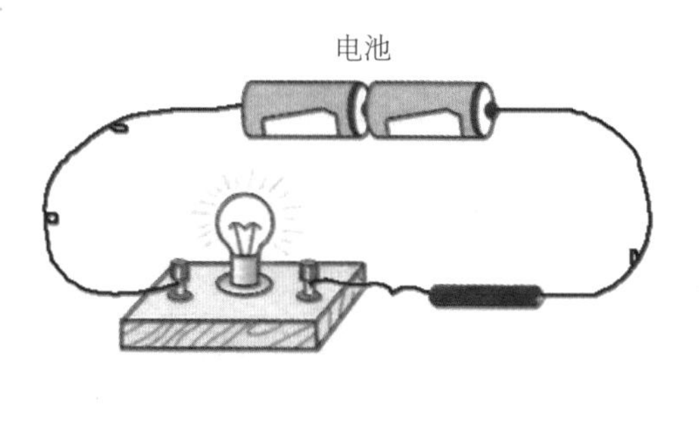

图2-12　干电池中的石墨电极

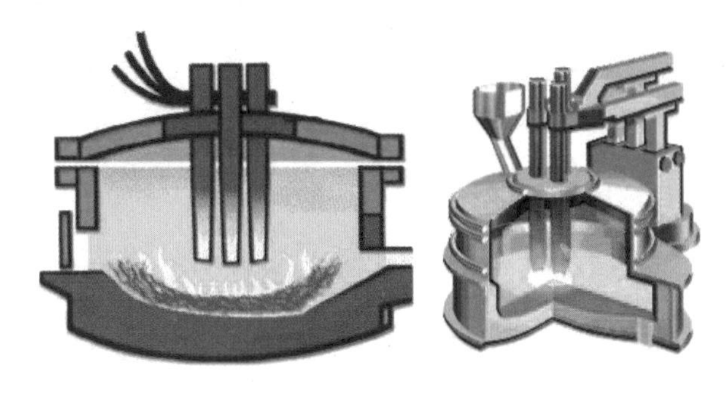

图2-13　电弧炉结构示意图（中间柱状物为石墨电极）

（4）超高功率石墨电极：允许使用电流密度大于 25 A/cm²的石墨电极，主要用于超高功率炼钢电弧炉。

2. 导电油墨

导电油墨（electrically conductive printing ink）（图2-14）是指用导电材料（金、银、铜和碳）分散在联结料中制成的糊状油墨，俗称糊剂油墨。它具有一定程度的导电性质，可作为印刷导电点或导电线路之用。金系导电油墨、银系导电油墨、铜系导电油墨、碳系导电油墨等已达到实用化，用于制作印刷电路、电极、电镀底层、键盘接点、印制电阻等。导电油墨一般印在塑料、玻璃、陶瓷或纸板等非导电承印物上。

碳系导电油墨使用的填料有导电槽黑、乙炔黑、炉法炭黑和石墨等，电阻位随种类而变化。多用于薄膜片开关和印制电阻，前者大都在聚酯基材上印刷，因此它和银系导电油墨相同，是以聚酯树脂为联结料的油墨。

3. 利用石墨分离矿物

石墨的导电性很好，电子流入或流出石墨所需要的电位差最低，国际上以此电位差值作为标准临界电压。某种物料由非导体转变成导体所需要的电位差（临界电压）与石墨的临界电压（2 800 V）之比，称为比导电度。比导电度是衡量物料导电性的一个标志，比导电度越高则导电性越差。

例如，磁铁矿成为导体的临界电压为7 800 V，其比导电度为2.79，即为石墨临界电压的2.79倍。

在测定矿物的比导电度时发现，有些矿物只有当高压电极带正电时才表现为导

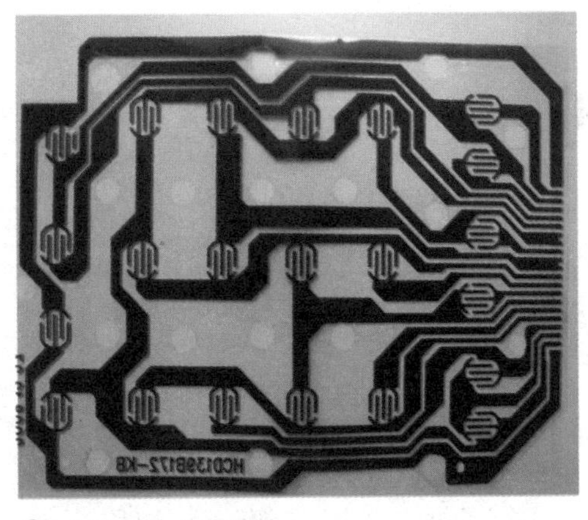

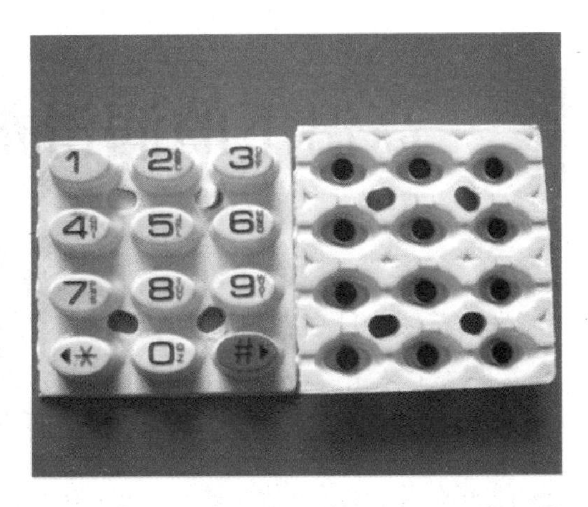

图2-14　导电油墨

体，另一些矿物则只有高压电极带负电时才表现为导体，还有一些矿物，不论高压电极带正电或带负电均能表现为导体。矿物的这种电性叫整流性。只获得负电荷的矿物叫负整流性矿物，只获得正电荷的矿物叫正整流性矿物，不论高压电极带负电或带正电均能表现为导体的矿物叫全整流性矿物。

当矿粒直接和电极接触时，导电性好的矿粒就获得同电极极性一样的电荷，从而被电极排斥；导电性差的矿粒，则只能被电极极化而产生束缚电荷，靠近电极一端产生与电极相反的电荷，从而被电极吸引。这样，由于各种矿粒导电性不同，所以可以选出不同的矿物。

4. 其他产品

利用石墨的导电性，还可以制作若干产品：荧光屏涂料、抗静电底板涂料、彩电石墨乳（用于家电、无线电元器件具有图像清晰、抗干扰等优点）、抗静电橡胶、塑料制品、电缆屏蔽料、抗静电地坪涂料、油罐内壁防静电涂料、防静电液、防静电清洁剂、防静电地板蜡等（图2-15），导电填料系列如导电云母粉、导电氧化锌、导电石墨、导电铜粉（银包铜）、导电铜箔、导电碳纤维等。

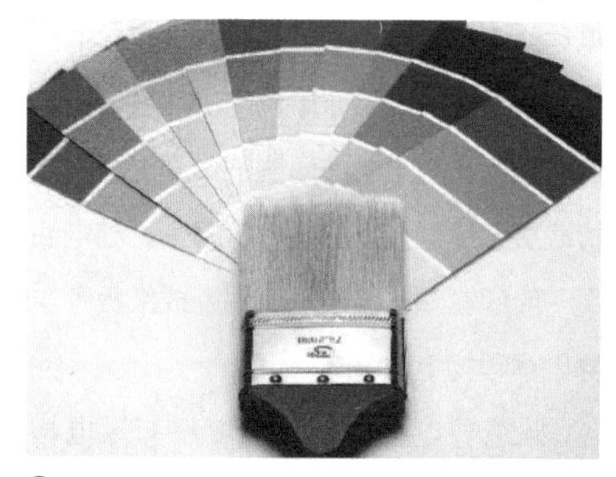

图2-15　石墨电极抗氧化涂料

高温下的润滑剂

一、石墨为什么有润滑性

石墨在有水蒸气和空气的条件下能发挥其良好的润滑性。水和空气的存在使石墨的表面吸附了水和气体分子，增大了互相滑动的解理面间的距离，减弱了它们的结合力。另一方面，附着力也是靠石墨基面边缘的自由键提供的，由于水和气体分子占据了这些自由键，附着力降低，这便是石墨材料具有润滑性的原因。

石墨只有在有水、空气（大气中水分为5 g/m^{3}以上）的条件下才有良好的润滑性，如在空气稀薄的万米以上高空环境中，其磨损率将会增大，润滑性降低。

石墨在机械工业中常做润滑剂。润滑油往往不能在高速、高温、高压的条件下使用，而石墨耐磨材料可以在-200℃~2 000℃温度及很高的滑动速度下（可达100 m/s），不用润滑油工作。因此，许多输送腐蚀性介质的压缩机和泵广泛采用石墨材料制成的活塞环、密封圈和轴承，运转时无须加入润滑剂。这种耐磨材料是用石墨材料经过有机树脂或液态金属材料浸渍而成。石墨乳剂也是许多金属加工（拔丝、拉管等）的良好润滑剂。

二、润滑石墨产品

很早以前拉丝模（拉制金属线的模具）的减摩润滑就是用胶体石墨，20世纪50年代德国制造的世界著名的莱卡照相机中就使用了石墨粉作为机械部件的润滑材料，60年代我国也生产出了青铜含油石墨轴承。随着科学技术的发展，石墨润滑材料有了更新的发展，氟化石墨润滑

——地学知识窗——

氟化石墨

氟化石墨是单质气体氟和石墨粉末通过“气相法”合成的一种特殊物质，是国际上高科技、高性能、高效益的新型炭/石墨材料研究热点之一。其性能卓越、品质独特，是功能材料家族中的一朵奇葩。

氟化石墨是重要的无机非金属材料，具有优良的润滑性，其润滑性能优于通用的石墨和二硫化钼，在干燥或潮湿高温（400℃~500℃）时摩擦系数更小，使用寿命更长，可与润滑油、润滑脂或树脂混合使用。氟化石墨与非水系电解质组合可制成高能量密度、高能输出功率、长储存周期、高安全性能的新型电池，该电池能量为锌、碱性电池的6~9倍。另外，氟化石墨纤维可制造电子测试器的散热材料；涂于有机物的表面制取吸音材料；加入碳纤维复合材料，可增强负载能力，降低材料表面温度；加进涂料可改善涂刷性能，具有极好的防水、防油功能；憎水性好，可用于图像记录、复制、色谱分析等。

油、耐高温石墨乳、石墨润滑脂、干粉石墨润滑剂、镶嵌石墨轴承等新型石墨润滑材料不断开发出来。

随着各领域润滑技术的不断提高，石墨润滑产品的种类和质量也在迅速发展。目前开发出的石墨润滑制品从形态上主要分液态润滑剂和固态润滑剂两类。

1. 液态润滑剂

（1）石墨润滑油：以润滑油为基础添加石墨粉、氟化石墨粉，采用气体粉碎、热工膨化、恒温脱水等技术制成。对比重大于油的石墨进行处理，按比例均匀地掺入油液中，使石墨发挥润滑作用，以减少机件磨损。

（2）干性润滑剂：以石墨粉和二硫化钼为主要成分，加入易挥发溶剂和适量的固化剂配比而成。装在压力气瓶（桶）里，使用时先摇晃气瓶使液态润滑材料均匀分布，再喷到需润滑的部位，待几分钟后液体挥发，即形成固体润滑膜。

（3）石墨润滑乳：有耐高温锻造石墨乳、拉丝石墨乳等系列产品，主要经振动研磨酸洗、脱水、分级、均质配料等工序生产。石墨的纯度在99%以上，粒度0~8μm（图12-16）。

（4）石墨润滑脂：半固态流体，为阻流混有增稠剂，主要产品是以钙基黄油为基体加入适量的石墨粉。

（5）胶体石墨：用粒度为0.5~1.0μm的石墨微粒分散于添加了分散稳定剂的水、油或有机溶剂等物质而制取，用于拉丝模的减摩润滑材料。

2. 固态润滑剂

（1）青铜石墨含油轴承：以铜为骨料加入石墨，经混合、压制、烧结制成。具有较高的传热性，不易卡轴，可替代滚球轴承。对于防油污染的特殊环境有独特效果（图2-17）。

（2）镶嵌石墨轴承：它具有金属、石墨的双重特性，弥补了单一材料的性能缺陷。它适用于低速、高温、无油、重载荷、抗冲击性好、对粉尘污染等恶劣环境，适应性强。它是用熔融金属浇铸，将固体石墨镶嵌在金属基体上而制造成的滑动部件（图12-18）。

（3）炭塑滑片：是以炭石墨、塑料为主要原料的复合材料，强度高、韧性好、耐磨、耐高温，是无油润滑旋片的理想材料。目前主要适用在空气压缩机和真空泵方面。

（4）人造石墨关节：石墨的自润滑特点和人体组织有亲和性，被人们制成人体关节材料使用（图2-19）。

（5）石墨滑块（板）：在无轨电

图2-16 石墨润滑乳

图2-17 青铜石墨含油轴承

图2-18 镶嵌石墨轴承

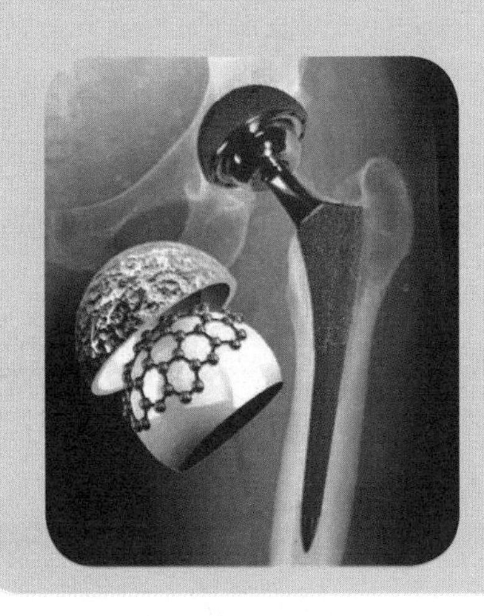

图2-19 人造石墨关节

车、电力机车的滑动接触上用作滑块、滑板，充分利用了石墨的润滑性和导电性（图2-20）。

机械用炭方面的止推轴承、机械密封等石墨材料也利用了石墨的润滑性。

图2-20 石墨滑块

最软的矿物之一

一、石墨为什么质软

石墨内部的碳原子呈层状排列，层与层之间联系力非常弱，而层内3个碳原子联系很牢，因此受力后层间就很容易滑动，好似一摞扑克牌，轻轻一推，牌和牌之间就滑动开来。

矿物学家用莫氏硬度来表示相对硬度。石墨、滑石最软，可以用指甲在上面刻出印痕来，它们的硬度为1；钢刀的硬度为5.5，玻璃的硬度为6.5，最硬的物质金刚石的硬度是10。

二、铅笔芯

石墨为什么能做铅笔芯？首先，它是黑色的；其次，它质地柔软，在纸上轻轻划过，就留下痕迹。如果在放大镜下观察，铅笔笔迹是由一颗颗很细小的石墨粒组成的。

其实铅笔的笔芯是用石墨和黏土按一定比例混合制成的。按国家标准，铅笔根据石墨浓度分为18种型号。“H”即英文“hard”（硬）的词头，代表黏土，用以表示铅笔芯的硬度。“H”前面的数字越大（如6 H），铅笔芯就越硬，即笔芯中与石墨混合的黏土比例越大，写出的字越不明显，常用来复写。“B”是英文“Black”（黑）的词头，代表石墨，用以表示铅笔芯质软的情况和写字的明显程度。以“6B”为最软，字迹最黑，常用于绘画，普通铅笔标号则一般为“HB”。考试时用来涂答题卡的铅笔标号一般为“2B”，过浓或过淡都会造成计算机识读的失败或错误（图2-21）。

图2-21 铅笔芯

还有的艺术家在铅笔芯上进行雕刻创作，形成了独特的铅笔芯雕刻艺术，如图2-22所示。

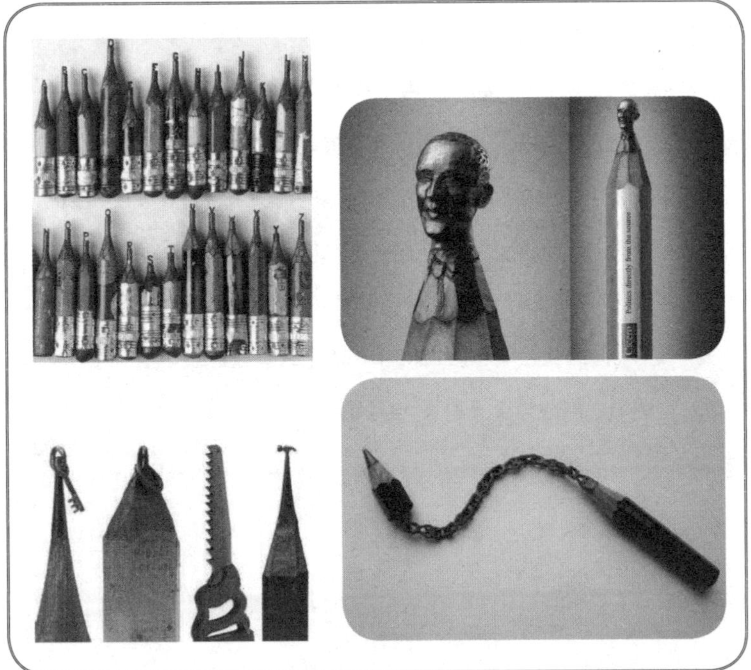
图2-22 铅笔芯艺术

——地学知识窗——

铅笔的起源

铅笔的历史非常悠久。它起源于2 000多年前的古希腊、古罗马时期，那时的铅笔很简陋，只不过是金属套里夹着一根铅棒甚至是铅块而已。但是从字义上看，它倒是名副其实的“铅笔”。

现代铅笔的鼻祖诞生于16世纪中叶英国坎伯兰山脉的布洛迪尔山谷。1564年，在布洛迪尔山谷有人发现了一种称为石墨的黑色矿石可以写字，他们随即将这种矿石切割成细条，运往伦敦出售，供商人们在货篮和货箱上作标记之用，故称为“标记石”。这里的石墨矿纯度高，光滑而不易折断。后来人们将石墨棒插入钻好的小木棍中，就制成了与今天的铅笔相近的铅笔。

由于用布洛迪尔山谷石墨制作的铅笔很受欧洲各国欢迎，所以采掘过量，高纯度的石墨矿很快就枯竭了。于是人们开始研究用人工方法提取，即加工石墨。1761年，德国化学家范巴建立了世界上第一家铅笔厂。他将石墨、硫磺、锑和松香混合，成为糊状，再将其挤压成条烘干，提高了石墨的韧性，成为今天铅笔的雏形。

18世纪能生产铅笔的只有英、德两国。后来，由于战争的影响，法国的铅笔来源中断。当时法国皇帝拿破仑命令本国的化学家尼古拉斯·孔蒂就地取材，生产本国铅笔。孔蒂用法国出产的劣质石墨与黏土混合，并通过控制黏土与石墨的比例来调整其硬度和颜色深浅，成形后置于窑内焙烧制成笔芯，再用松木制成笔杆裹住笔芯，获得成功，这样生产出的铅笔成了当时最好用的铅笔，问世后很快就传到了世界各地。1822年，英国的霍金斯与莫达合作，发明了第一支 “伸缩式铅笔”。1838年，美国人基拉恩发明了“活动铅笔”。此后又经过许多改进，逐渐发展成为今天的 “自动铅笔”。

新材料之王——石墨烯

石墨烯是一种由碳原子构成的单层片状结构的新材料，也可视作“单层石墨片”。石墨烯是目前已知的世上最薄、最坚硬、室温下导电性最好而且拥有强大灵活性的纳米材料，被称为“新材料之王”，在电子器件、光学器件、柔性电子、先进电池以及散热膜、散热复合材料等领域具有重要应用前景。科学家甚至预言石墨烯将“彻底改变21世纪”。

一、石墨烯的由来

石墨烯本来就存在于自然界，石墨烯一层层叠起来就是石墨，厚1 mm的石墨大约包含300万层石墨烯。铅笔在纸上轻轻划过，留下的痕迹就可能是几层甚至仅仅一层石墨烯（图2–23）。

关于石墨烯的研究，最早始于20世纪70年代，Clar等科学家利用化学方法合成一系列具有大共轭体系的化合物，即石墨烯片。此后，Schmidt等科学家对其方法进行改进，合成了许多含不同边缘修饰基团的石墨烯衍生物，但这种方法不能得到较大平面结构的石墨烯。

真正石墨烯的诞生倒是一件趣事。20世纪90年代末的某一天，英国物理学家安德烈·海姆把一大块高定向热解石墨和一台高级抛光机交给了一位新来的博士生，希望他做出尽可能薄的膜。三个星期后，博士生给了海姆一个10 μm厚的培养皿，海姆生气地问他能不能磨得更薄，博士生说：“那你就自己来吧。”海姆只得自己做了，不过他采用了一种非常“原始”的方法：用透明胶带在石墨上粘一下就会有

图2–23　铅笔在纸上轻轻划过，留下的痕迹就可能是几层甚至仅仅一层石墨烯

石墨层被粘在胶带上（图2-24），把胶带对折后粘一下再拉开，两端就都粘有石墨层，石墨层又变薄了。如此反复多次，终于薄到只有一个碳原子的厚度时，石墨烯就制成了。

在发现石墨烯以前，大多数物理学家认为，热力学涨落效应不允许任何二维晶体在有限温度下存在。所以，它的发现立即震撼了凝聚体物理学学术界。虽然理论和实验界都认为完美的二维结构无法在非绝对零度稳定存在，但是单层石墨烯在实验中被制备出来（图2-25）。

在随后的三年内，安德烈·海姆和康斯坦丁·诺沃肖洛夫在单层和双层石墨烯体系中分别发现了整数量子霍尔效应及常温条件下的量子霍尔效应，他们也因此获得了2010年物理学诺贝尔奖。

二、石墨烯的特性

石墨烯对物理学基础研究有着特殊意义，它使一些此前只能纸上谈兵的量子效应可以通过实验来验证，例如电子无视障碍实现幽灵一般的穿越。更令人感兴趣

图2-24　粘石墨片

图2-25　石墨烯的结构

的，是它那许多“极端”的物理性质（图2-26）。

（1）最轻薄的材料。厚1 mm的石墨大约包含300万层石墨烯，重量可以忽略不计（图2-27）。

（2）最柔韧的材料。其断裂强度比最好的钢材还要高200倍，又有很好的弹性，拉伸幅度能达到自身尺寸的20%。如果用一块面积1 m^2的石墨烯做成吊床，本身重量不足1 mg，可以承受一只猫的重量（图2-28）。

难以想象的是，石墨本身几乎是最软的矿物质，“切”成一个碳原子厚度的薄片时，“性格”会发生极大的变化：石墨烯的硬度比莫氏硬度10级的金刚石还要硬，却又有很好的韧性，可以弯曲。

（3）导电性最好的材料。因为只有一层原子（图2-29），电子的运动被限制在一个平面上，石墨烯也有着全新的电学属性。石墨烯是世界上导电性最好的材料，电子在其中的运动速度达到了光速的1/300，远远超过了电子在一般导体中的

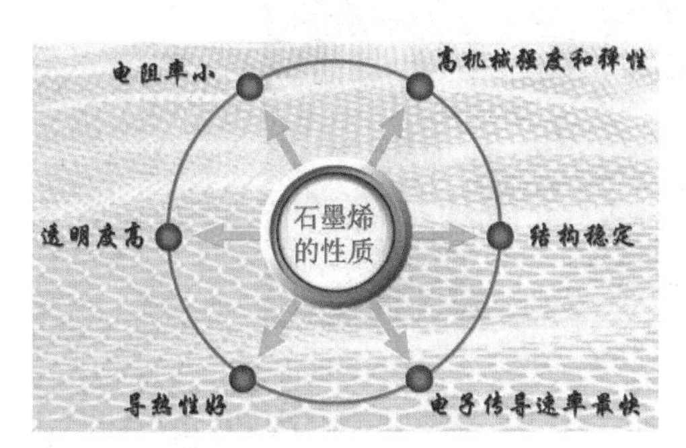

图2-26　石墨烯的性质

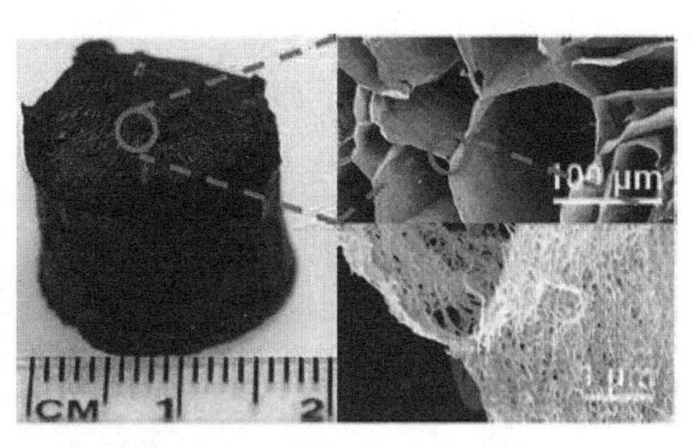

图2-27　超轻的石墨烯材料

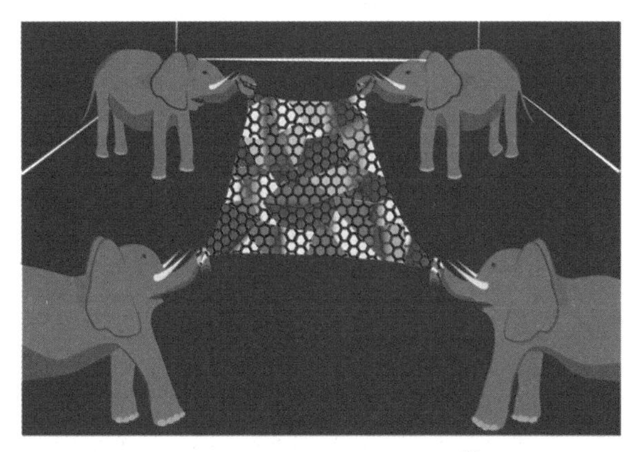

图2-28　最柔韧的材料

图2-29　导电性最好的材料

运动速度。

（4）良好的透明性和致密性。石墨烯几乎是完全透明的，只吸收2.3%的光。另一方面，它非常致密，即使是最小的气体原子（氦原子）也无法穿透。这些特征使得它非常适合作为透明电子产品的原料，如透明的触摸显示屏、发光板和太阳能电池板。

（5）很强的化学敏感性。石墨烯具有很强的化学敏感性，可以制成高效探测器等。

三、石墨烯的制备

石墨烯的实用化产品分为两类：石墨烯薄膜和石墨烯粉体。实验室制备石墨烯的方法很多（图2-30），但是批量生产石墨烯的方式目前主要有两种：一种是利用化学气相沉积在金属表面生长出单层率很高、面积很大的石墨烯薄膜材料；一种

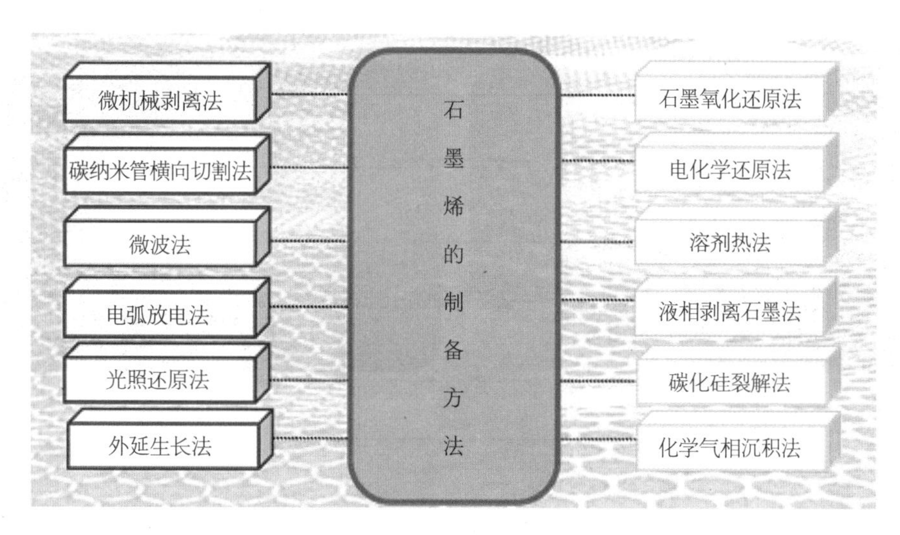

图2-30　石墨烯制备方法示意图

是将天然石墨通过物理或者化学的方法粉碎，形成石墨烯粉体。石墨烯粉体看起来就是很细的黑色粉末。国内石墨烯粉体和石墨烯薄膜已具备批量化生产能力。作为科技含量很高的材料，石墨烯粉体的生产过程中，研发、技术和设备都很重要，生产中的人力成本非常小。年产能50吨石墨烯粉体的企业，生产过程中只需要几个工人而已。

四、石墨烯的研究成果

从应用角度来看，石墨烯可分为石墨烯粉体和石墨烯薄膜两种形式。石墨烯的这些特性将在电子器件、光学器件、柔性电子、先进电池以及散热膜、散热复合材料等领域具有重要应用前景，注定要给诸多产业带来翻天覆地的变化。普通人最关心的还是石墨烯可能会给我们的生活带来什么样的便捷。虽然现在仍有制备上的困难和成本限制等问题，但已经有一些优秀研究成果问世，展现了极佳的研发前景。

1. 硅的替代品

石墨烯目前最有潜力的应用是成为硅的替代品，制造超微型晶体管，用来生产未来超级计算机。据相关专家分析，用石墨烯取代硅，计算机处理器的运行速度将会快数百倍。

一个由美韩研究人员组成的联合小组报告称，他们将小片石墨烯连接到金属电极上，悬空于基底材料上方，并加载一定的电流使其加热，制成了只有一层原子的世界最薄电灯泡（图2-31），或将制成最薄的显示器。

图2-31 石墨烯可作为硅的替代品

2. 电池

西班牙Graphenano公司同西班牙科尔瓦多大学合作研究出首例石墨烯聚合材料电池，其储电量是目前市场最好产品的3倍，用此电池提供电力的电动车最多能行驶1 000 km，而其充电时间不到8 min（图2-32）。最重要的是其成本比锂电池低77%。这类产品的推出，是电池转型为蓄电池过程中的一个里程碑，如果能够实现量产，电池的发展又将会进入新篇章。

3. 散热材料

石墨烯薄膜具有很好的散热性。用约360℃高的热源去靠近它时，石墨烯散热膜的表面温度可均匀保持在127℃左右，这一温度较另一散热性较好的铜箔要低2%~3%。2013年4月，贵州一公司成功研制生产出柔性石墨烯散热薄膜（图2-33），它能帮助现有笔记本电脑、智能手机、LED显示屏等大大提高散热性能。这一产品也被认为是中国首个纯石墨烯粉末产品，为石墨烯应用实现规模化商用提供可能。石墨烯散热薄膜外观与锡箔纸相似，能任意折叠，可用剪刀剪成任意形状。“薄膜厚度控制在25 μm左右，相当于普通A4纸的1/3厚”。

4. 光驱物体材料

南开大学的一个联合科研团队通过三年的研究，获得一种经光照即可移动的特殊石墨烯材料（图2-34）。据悉，这是迄今为止科学界第一次用光推动一个宏观物体的宏观驱动。介绍这一成果的论文一经发表就迅速引起了国际科学界的关注。

5. 轻薄导电新材料

在塑料里掺入1%的石墨烯，就能使塑料具备良好的导电性；加入1‰的石墨烯，能使塑料的抗热性能提高30℃。在此基础上，可以研制出薄、轻、拉伸性好和超强韧新型材料，用于制造手机（图2-35）、汽车、飞机和卫星等。

2015年3月，全球首批量产石墨烯手

图2-32　石墨烯可用作汽车电池、手机电池等

图2-33　石墨烯散热膜

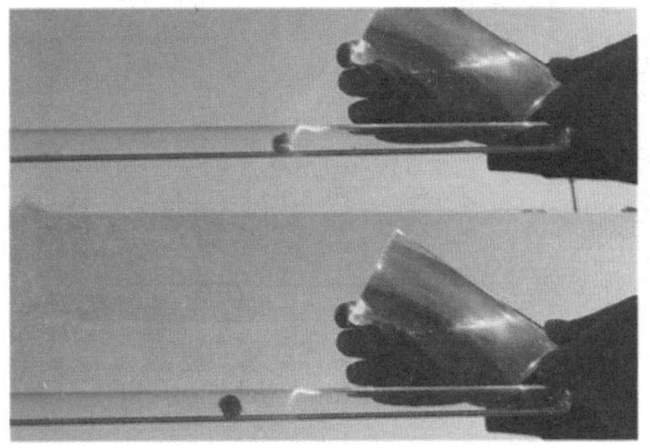

图2-34　光驱动物体移动视频截图

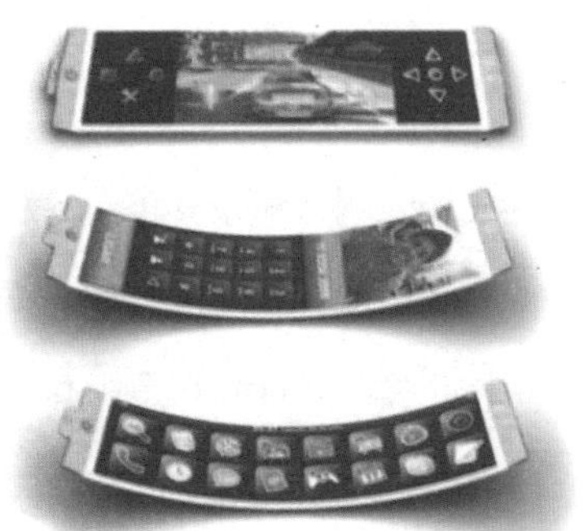

图2-35　可弯曲的手机

机在我国重庆首发，采用最新研制的石墨烯触摸屏、电池和导热膜等新材料。

6. 传感器

石墨烯可用作pH传感器、气体分子传感器、分子传感器等等。涂有石墨烯的传感器可以检测到含有用于炸药、氨等化学物质的低浓度的蒸汽（图2-36）。

图2-36 涂有石墨烯的传感器

7. 抗菌材料

我国科研人员经研究发现，细菌的细胞在石墨烯纸上无法生长，而人类细胞则不会受损，利用这一点可以利用它来做绷带、食品包装甚至抗菌T恤衫。

8. 储氢材料

在新型储氢材料的开发研究中，人们发现碳纳米管及石墨烯等都有很好的储氢能力，而且这些材料的价格低廉，能够大幅度降低成本。

9. 控制药物释放材料

利用石墨烯与喜树碱类同系物SN38之间的疏水相互作用及π－π堆积，可制备NGO-PEG- SN38复合物，有很好的水溶性，在体内可以缓慢释放SN38，从而实现药物的控制释放。

10. 激光材料

2012年，美国一研究小组在石墨烯中闪过极短的激光脉冲，立即发现了一种新的光激发电子宽频带粒子数反转特点的石墨烯状态。研究人员的发现可为在电信业提供高效率放大器和极快速的光电子器件打开大门。

五、面世的石墨烯产品

石墨烯性能超强，但目前已经开发面世的石墨烯相关产品不多，大致可分为以下8类。

1. 石墨烯内外墙涂料

这是一种将纳米材料石墨烯添加至涂料中形成的石墨烯产品（图2-37）。石墨烯形成纳米网，赋予其传统涂料成分所不具备的坚实性和牢固的骨架，涂料更加牢固，具有超耐久性，使得涂料耐擦洗、抗裂纹；同时，对损坏砂浆的大气侵蚀因素形成一道不可逾越的屏障，在极端条件下，依然可以发挥其优良的性能，不会龟裂；由于石墨烯为优良热导体，可以达到节能降耗、保温隔热的功能；由于其配方和纳米技术，还能减少声传播，有降低噪音的效果。

2. 石墨烯体温计

采用石墨烯感温探头，快速升温，60~180 s即可达到温度平衡，可以达到实时体温监测、体温预警（图2-38）。

3. 石墨烯降温贴

利用石墨烯的导热功能，黑色涂层是散热层，只吸收2.3%的光，导热系数高达5 300W/（m·K），高于碳纳米管和金刚石，控温指数非常高，降温幅度为5℃~15℃（图2-39）。

图2-37 石墨烯内外墙涂料

图2-38 石墨烯体温计

4. 石墨烯球拍

通过在球拍拍喉部分采用世界上最轻又最坚固的石墨烯材料（图2-40），优化了挥拍速度和稳定性，提高了手感。石墨烯材料革命性地改变了球拍的质量分布，使得手柄和顶部的重量分配更为有效。发球时轻盈和超长的特点带来可控手感和非常容易的削球。

5. 石墨烯纤维内衣

利用石墨烯良好的导热性、透气性等特点，在内衣肩部、背部、腰、膝关节等人体重要部位添加双层石墨烯贴片，能有效防止湿气、细菌侵入身体，具有缓解颈肩疼痛、腰腿疼痛、肩周炎、关节风湿等疾病的功效（图2-41）。

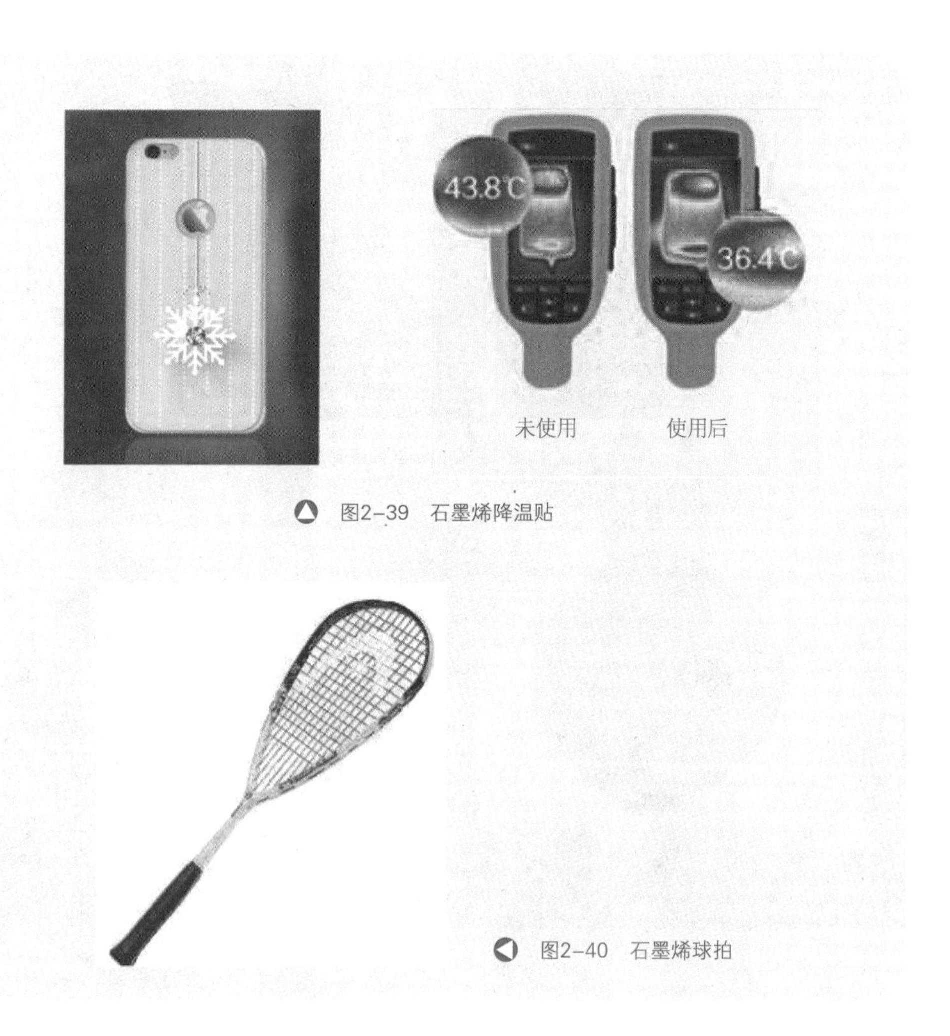

图2-39　石墨烯降温贴

图2-40　石墨烯球拍

6. 石墨烯理疗产品

利用了石墨烯良好的导热性、超强导电性等特性，内附石墨烯加热膜层，对其进行加热时产生最接近人体的远红外生命光波， 迅速升温，长时间保持温度，可改善血液循环，起到理疗保健的作用（图2-42）。

7. 石墨烯LED灯泡

利用石墨烯的导电和坚硬特性，灯体透明，具有优良的抗腐蚀和裂开的能力，

图2-41　石墨烯纤维内衣

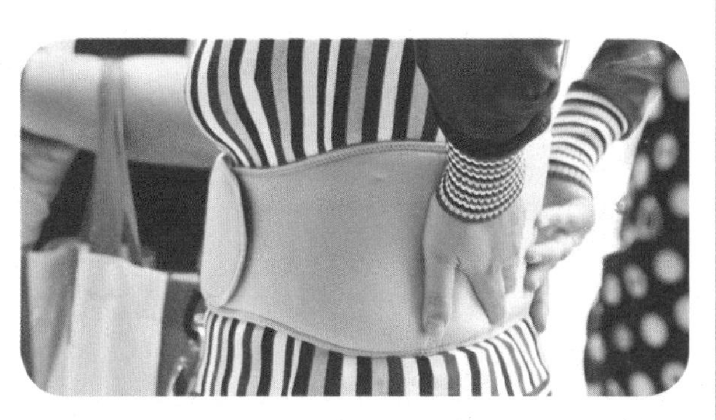

图2-42　石墨烯理疗产品

不变色。在保证亮度的同时，相比传统白炽灯节能90%以上（图2-43）。

8. 石墨烯口罩

利用石墨烯的吸附性，采用石墨烯活性炭复合滤层，提升过滤效果30%~40%，可有效阻隔空气中的PM2.5颗粒、病毒（图2-44）。

图2-43　石墨烯LED灯泡

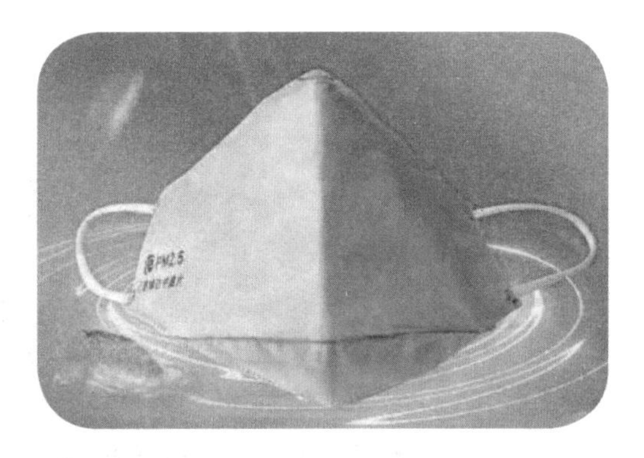

图2-44　石墨烯口罩

Part 3 世界石墨巡礼

我们了解了石墨的特性和用途，那么，地球上的石墨都在哪儿藏着呢？

石墨就像煤一样埋藏在我们的脚下。全球已探明的天然石墨储量已超过13 000万吨，其中巴西的储量为5 800万吨，居世界首位。从石墨在全球的分布来看，虽然众多国家都已发现石墨矿产，但具有一定规模可供工业利用的矿床并不多，主要产地集中在中国、巴西、捷克、印度、墨西哥、朝鲜、加拿大和马达加斯加等国。多数国家只产一种石墨，矿床规模以中、小型居多，只有中国等少数国家晶质石墨和隐晶质石墨都有产出，且大型矿床较多。

石墨的开采也具有一定的难度，全球只有十几个国家可开采石墨矿产，中国、印度和巴西是世界上三大主要的石墨生产国，占全球总产量的90%。

世界石墨资源

一、石墨资源

根据美国地质调查局（2014）报告，全球天然石墨已探明的储量为13 000万吨，其中，巴西的储量为5 800万吨，中国的储量5 500万吨，位居世界前列。从石墨在全球的分布来看，虽然众多国家都已发现石墨矿产，但具有一定规模可供工业利用的矿床并不多，主要集中在中国、巴西、捷克、印度、墨西哥、加拿大和马达加斯加等国。

1. 中国

根据国土资源部统计资料，截至2014年年底，中国晶质石墨矿（矿物量）储量为2 000万吨，查明资源储量（矿物量）约2.2亿吨，主要分布在黑龙江、山东、内蒙古和四川等20个省、自治区，其中，山东和黑龙江是两个最重要的生产地区（黑龙江省萝北县石墨矿区是全国最大的，查明资源储量4 200万吨）；中国隐晶质石墨矿储量约为500万吨，查明资源储量约3 500万吨，主要分布在湖南、内蒙古和吉林等9个省、自治区，其中，湖南郴州是隐晶质石墨的集中地。

2. 巴西

根据美国地质调查局（2014）统计，截至2013年年底，巴西石墨矿储量达到5 800万吨，其中，天然鳞片石墨储量超过了3 600万吨。巴西的石墨矿床主要分布在米纳斯吉拉斯州和巴伊亚州，最好的鳞片石墨矿是位于米纳斯吉拉斯的佩德拉阿祖尔（Pedra Azul）石墨矿床。

3. 印度

印度的石墨储量为1 100万吨，资源量为15 800万吨。有3个石墨矿带，具有经济开发价值的石墨矿床主要分布在安德拉邦（Andhra）、恰蒂斯加尔邦（Chattisgarh）、奥里萨邦（Odisha）和泰米尔巴度（Tamil Badu）。

4. 捷克

捷克是欧洲石墨资源最丰富的国家。鳞片石墨矿床主要分布在南捷克州，固定碳含量15%。莫拉维亚地区的石墨矿主要为微晶石墨，固定碳含量大于35%。

5. 墨西哥

墨西哥已发现的石墨矿都是微晶石墨，主要分布在索诺拉州、格雷罗州和瓦哈卡州。已开发的埃莫西约石墨矿，微晶石墨的品位为65%～85%。

6. 加拿大

加拿大的石墨矿床分布在安大略省、魁北克省、不列颠哥伦比亚省和新布伦斯克省。安大略省比塞特克里克（Bissett Creek）石墨矿是北美洲最大的石墨矿床，资源量大于8 000万吨，鳞片石墨含量1.5%～2.5%。魁北克省Lac Knife石墨矿的资源量为810万吨，鳞片石墨含量16.7%。哥伦比亚省库登奈山（Kootenay Mtns）石墨矿的资源量为670万吨，鳞片石墨含量7%。新布伦斯克省的金格鲁夫（Golden Grove）石墨矿，鳞片石墨含量32%。

7. 马达加斯加

马达加斯加蕴藏有优质大鳞片石墨矿，矿体埋藏较浅，可以露天开采。南部Fotodrevo地区的莫洛（Molo）鳞片石墨矿区潜在资源量1亿吨，品位为6%～10%。已开发的石墨矿位于塔马塔夫省，石墨赋存在云母片麻岩中，该矿床2/3的石墨是大鳞片石墨，其余为细粒石墨。

8. 斯里兰卡

斯里兰卡是目前所发现的唯一拥有脉状石墨矿床的国家，矿床位于斯里兰卡岛的西部和西南部，矿体埋藏较深。已开发的波格拉石墨矿体呈脉状、透镜状和囊状，固定碳含量75%～98%，有晶质石墨和微晶石墨。

9. 澳大利亚

澳大利亚的石墨矿床处于勘探开发阶段，主要位于西部和南部。位于西澳埃斯佩兰斯的石墨矿资源量为140万吨，鳞片石墨含量18.2%；南部的乌雷（Uley）石墨矿床，固定碳含量7.4%的储量为377万吨，固定碳含量13.7%的储量为244万吨。到2012年年底，阿切尔（Archer）勘探公司在南部的康泊纳（Campoona）地区探明石墨矿资源量为257.2万吨，固定碳含量12.3%；Lamboo 公司在麦金托什（McIntosh）石墨矿的第1目标区探明石墨资源量为532.3万吨，其中含有26万吨石墨，固定碳含量4.91%，同时，Lamboo预测在第2、3、5 和6目标区也可能含有鳞片石墨；Monax 公司在南澳大利亚的Wilclo南部地区发现了资源量为640万吨的石墨矿床，其中含有5.5万吨石墨，固定碳含量8.8%，以及175万吨高品质石墨，固定碳含量12.5%。

10. 其他国家和地区

美国探明的石墨矿床主要分布在宾夕法尼亚州、密歇根州和加利福尼亚州，目前没有进行开采。另外，在朝鲜、韩国、阿富汗、俄罗斯、乌克兰、乌兹别克斯坦、挪威、奥地利、德国、瑞典、罗马尼亚、土耳其、津巴布韦、纳米比亚、南非、坦桑尼亚等国家也发现了石墨矿床。

二、开发利用

目前，全球只有十几个国家开采了石墨矿产，其中，中国、印度和巴西是世界上三大主要的石墨生产国，占全球总产量的90%。其他石墨生产国主要包括印度、巴西、加拿大、德国、捷克等。

1. 中国

中国是全球最大的天然石墨生产国，每年产量约为80万吨。中国有石墨矿山194个，其中大型矿山40个，中型19个，小型135个，分布在内蒙古、黑龙江、山东、河北、山西、河南、湖南、湖北、四川等16个省 、自治区。黑龙江省的晶质石墨产量全国第一，微晶石墨矿开发主要在湖南郴州地区和吉林磐石地区。

2. 印度

印度是全球第二大天然石墨生产国，年产量16万吨，占世界产量的13%。印度国内的石墨主要用于铸造业和坩埚。印度主要有3家大型企业开发经营石墨产品，即泰米尔纳德（Tamil Nadu）矿产公司、蒂鲁帕蒂（Tirupati）碳素公司和阿格拉瓦尔石墨工业公司（Agrawal Graphite Industries）。奥里萨、拉贾斯坦、普拉德、古吉塔、泰米尔纳德是印度的主要石墨生产地，其中，奥里萨邦的石墨产量占了印度全国总量的65%～75%。

3. 巴西

巴西石墨产量居世界第三，占世界产量的8%。巴西国家石墨公司（Nacional de Grafite）是世界最为著名的天然晶质石墨生产厂之一，每年可生产5.2万吨天然石墨，这些石墨都是来自米纳斯吉拉斯州。巴西有3个石墨加工厂：萨尔图达迪维萨（Salto Da Divisa）、佩德拉阿祖（Pedra Azul）和伊塔佩塞里卡（Itapecerica）。这些厂家主要用鳞片石墨生产镁碳、铝碳耐火材料和铝碳坩埚，用石墨粉生产耐火材料、刹车衬/垫和铅笔，用微晶石墨生产炭刷和特种润滑剂。

4. 加拿大

加拿大是北美唯一开采石墨矿产的国家。加拿大的石墨生产非常稳定，近几年石墨产量一直维持在2.5万吨。目前，东部的Timcal公司是加拿大最著名的公司，该公司的鳞片石墨年产量为2万吨，固定碳含量94%~99.99%。

5. 德国

德国克罗普夫穆赫尔石墨公司（Graphit Kropfmiihl AG−GK）是世界上领先的石墨开采者和生产者之一，具有150年的经营历史，其经营的矿山与加工厂遍布全球，年生产3万吨石墨。克罗普夫穆赫尔开采与加工石墨的地区有德国、斯里兰卡、中国和津巴布韦，在英国、捷克和德国还有额外的加工厂。乔格鲁公司（Georg H Luh GmbH）是德国最重要的加工者，从世界各地进口各种类型的石墨进行加工，专门经营天然石墨、人造石墨、鳞片粉及薄片产品。德国西格里集团（SGL）是全球领先的碳素石墨材料及相关产品制造商。

6. 捷克

捷克是欧洲主要的晶质石墨生产国，有两家主要的石墨生产公司：科伊努尔石墨（Koh−i−Noor Grafit Sro）公司及泰恩石墨（Graphite tyn spol sro）公司。科伊努尔石墨公司开采加工鳞片石墨，主要用于耐火材料和电子产品，如电池和电刷；泰恩石墨公司是德国GK公司的子公司，近年来主要开发高纯天然石墨，尤其是电池用石墨产品。

7. 美国

目前，美国仅加工进口石墨。美国有90多个天然石墨加工企业和工厂，47个合成石墨生产企业。阿斯伯里碳（Asbury Carbon）是美国最大的天然石墨生产厂。

8. 其他国家和地区

此外，朝鲜、俄罗斯、墨西哥、津巴布韦、马达加斯加、乌克兰、挪威、瑞典、瑞士和奥地利等国都有进行石墨生产和加工的石墨公司。

世界著名石墨矿

全球范围内，晶质石墨矿除分布在中国以外，主要蕴藏在乌克兰、斯里兰卡、马达加斯加、巴西、捷克、加拿大等国家，其中，马达加斯加盛产大鳞片石墨，斯里兰卡盛产高品位的致密块状石墨；隐晶质石墨矿主要分布在印度、韩国、墨西哥和奥地利等国家。世界上多数国家只产一种石墨矿，其矿床规模以中、小型居多，只有中国、印度等少数几个国家晶质石墨和隐晶质石墨都有产出，且大型矿床较多。

除上述石墨矿赋存大国外，近年来，在非洲的莫桑比克和澳大利亚有了重大发现。莫桑比克北部的巴拉马（Balama）石墨矿已成为世界上最大的石墨矿床，澳大利亚中南部的笑翠鸟沟石墨矿资源量巨大，也是世界级石墨矿床之一。

一、斯里兰卡石墨矿

斯里兰卡位于印度半岛东部，是世界上晶质脉状石墨（图3-1）的主要来源国。晶质脉状石墨矿赋存在斯里兰卡西部和西南部的部分岛屿上，通常认为石墨矿脉是由岩浆热液同化了石灰石和白云石形成的。

斯里兰卡有600个以上的石墨矿床，其中最大的两个分别是Bogala石墨矿和Kahatagaha石墨矿（图3-2）。

Kahategaha石墨矿呈脉状产出，矿脉一般1~2 m厚，矿石属于大鳞片状晶质石墨矿（图3-3），鳞片巨大，经济价值非

图3-1　斯里兰卡晶质石墨矿石

常高。矿床成因属于岩浆热液型，是由来自地幔的岩浆热液流体侵入到变质程度很高的岩石中形成的。

二、莫桑比克石墨矿

莫桑比克位于非洲的东南部，盛产晶质石墨矿，主要分布在莫桑比克的北部；较大的石墨矿床有安夸贝（Ancuabe）石墨矿和巴拉马（Balama）石墨矿（图3-4）。

莫桑比克北部的巴拉马（Balama）石墨矿床由叙拉赫资源公司（Syrah Resources）在2012年勘探发现，矿石属于天然鳞片石墨矿（图3-5）。勘探人员按照石墨5%的边界品位估算了矿床的资

图3-2 Kahategaha石墨矿山

图3-3 Kahategah大鳞片状石墨矿脉

图3-4 莫桑比克韩德尼市石墨矿勘探现场

图3-5 巴拉马石墨矿矿石

源量，为5.64亿吨，石墨平均品位为9.8%，钒品位为0.2%。巴拉马石墨矿已成为世界最大的石墨矿。

该矿由两个高品位的矿段组成，分别称为姆阿利亚（Mualia）和阿狄瓦（Ativa），在它们的周围还分布着一些中型石墨矿。

姆阿利亚矿段，先前称为希尔（Hill）矿段，出露在纳西拉拉（Nassilala）山顶，大部分高品位石墨都分布在这个矿段。勘探人员推测矿石资源量为1.361亿吨，石墨平均品位为16.6%，石墨矿物资源量达到2 250万吨。

阿狄瓦矿段，此前称为北矿带，石墨品位略微高一些。勘探人员按照13%的石墨矿边界品位估算资源量，推测石墨矿矿物资源量为1 860万吨，石墨平均品位为21%。

目前，矿床资源储量计算范围仅限于300 m以上的范围，随着勘探程度的不断提高，巴拉马矿床规模将会进一步扩大。

根据矿床规模和选冶试验结果。由于杂质含量低，品位高，巴拉马未来可能成为生产成本最低的石墨矿山，而且产品价格不菲。

三、澳大利亚石墨矿

澳大利亚的中南部以晶质鳞片状石墨矿为主，少量的隐晶质石墨矿分布在澳大利亚的东部和西部，在澳大利亚的东海岸分布着一些勘查程度较低的石墨矿点。

艾尔半岛（Eyre Peninsula）位于澳大利亚中南部，是澳大利亚最主要的石墨成矿省，矿床成因与皮尔巴拉（Pilbara）铁矿带的发育密切相关。笑翠鸟沟（Kookaburragully）石墨矿（图3-6）、奥利（Uley）石墨矿、科普（Koppio）石墨矿、胶平（Gumflat）石墨矿等著名石墨矿均位于艾尔半岛上，笑翠鸟沟石墨矿是近年来新发现的一个世界级晶质石墨矿。

图3-6　笑翠鸟沟石墨矿形态简图

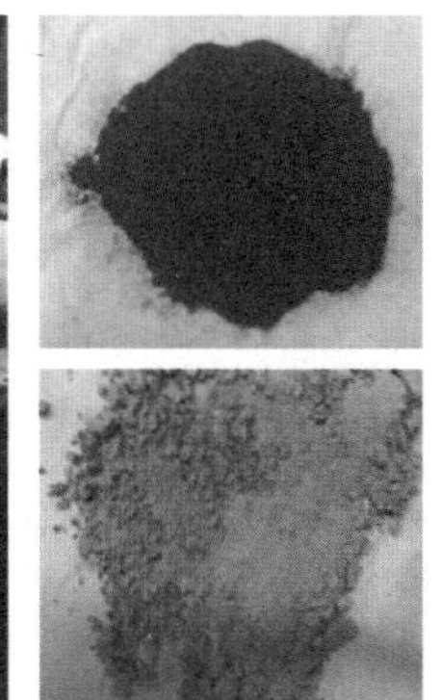

图3-7　笑翠鸟沟石墨矿选矿试验和矿物形态

笑翠鸟沟石墨矿为鳞片状石墨矿（图3-7），石墨矿脉侵染在石英长石矿物组成的片岩和云母矿物形成的地表黏土中。石墨矿物鳞片较大，一般长0.35~0.5 mm。矿脉由地表向地下延伸至少125 m，矿脉长度大于500 m，矿脉厚度达30 m，品位为20.5%。

四、马达加斯加石墨矿床

马达加斯加位于非洲东南部，是个岛国，石墨储量居非洲首位。国内大多数的石墨矿赋存在马达加斯加东海岸的马那泊斯（Manampotsy）地区，安巴图拉希（Ambatolahy）和安帕尼希（Ampanihy）地区也有一些小型矿床发育。马达加斯加

图3-8　马达加斯加石墨矿开采现场

的石墨矿属于晶质石墨矿，鳞片通常很大，一般发育在风化变质片麻岩的不规则脉中。石墨矿形成后，自然界的风化淋滤作用增加了矿床的纯度，使得这些矿床纯度较高、品质极好。

马达加斯加石墨矿地处古老的绿岩带中，矿床出露的岩石形成年代距今超过6.5亿年，主要为片麻岩、石墨片岩等。这些古老的岩石与山东著名风景区泰山上出露的岩石类似，它们经历了大范围的区域沉积变质作用。石墨片岩主要与富含碳的陆地来源的碎屑岩石有关，在漫长的岁月里，它们与围岩一起经历了沉积变质，石墨片岩富集的地方形成了石墨矿（图3–8）。

马达加斯加主要的矿床有安斯莱肯波（Antsirakambo）石墨矿、马若文森（Marovintsy）石墨矿和艾姆巴拉弗塔卡（Ambalafotaka）石墨矿等。

五、印度石墨矿

印度的石墨矿主要分布在奥里萨邦，探明资源量达到全国的65%以上，这里既有晶质石墨矿也有隐晶质石墨矿。奥里萨是印度东部海岸的一个小邦，东枕孟加拉湾，南临安得拉邦，西接中央邦，北傍比哈尔邦，东北是孟加拉邦。全邦面积为15万km^2。气候炎热，绿林蔽野，花果俱繁。自然资源丰富，是森林和矿物之库。矿产资源丰富，除了石墨矿外，还有铁、锰、铬、煤和石灰石等。邦内的桑巴尔普尔县和巴兰基尔县等地石墨矿资源丰富。泰姆里马尔（Temrimal）石墨矿、干达巴哈利（Gandabahali）石墨矿、马利斯拉（Malisira）石墨矿和马哈尼拉哈（Mahanilaha）石墨矿位于桑巴尔普尔县内，杜杜卡玛（Dudukamal）石墨矿、特瑞克拉（Tureikela）石墨矿和嘎嘎巴哈尔（Gargarbahal）石墨矿均位于巴兰基尔县内。另外，印度南部的泰米尔纳德邦（Tamil nadu）也有一些石墨矿发育，锡沃根加（Sivaganga）石墨矿已探明矿石资源量300万吨。

六、墨西哥石墨矿

墨西哥有两个石墨矿富集地区，即索诺拉州（Sonora）和瓦哈卡州（Oaxaca）。索诺拉州石墨矿的形成与三叠纪的煤层在古新世变质有关。这里的石墨为隐晶质，主要用于冶金行业，储量达到6 000万吨。索诺拉州比较大的矿床有寇沃玛（Covalmar）石墨矿、圣克拉拉（Santa Clara）石墨矿和瑞欧梅奥（Rio

Mayo）石墨矿。墨西哥其他地区的石墨矿床一般较小，成因与前寒武纪的变质岩石有关，为晶质石墨矿。

七、捷克石墨矿

从区域形成看，捷克石墨矿成因与经历区域变质作用的砂质沉积物有关，沉积物中的有机质形成了石墨矿。在捷克，隐晶质石墨和晶质石墨矿都有赋存，有的矿床两者组合在一起。

Part 4 石墨在中国

中国地大物博，石墨资源丰富，大部分省（区、市）均有石墨矿藏，石墨产量稳居世界首位。据2014年的统计，我国保有晶质石墨资源储量（矿物量）1.85亿吨，隐晶质石墨资源储量1 283万吨。中国的石墨矿主要分布在黑龙江、山东、内蒙古、湖南、西藏等省份。那么，到底都有哪些大的石墨矿床呢？它们都有哪些特征呢？一起去看看吧。

中国石墨资源

中国石墨矿产资源分布较广，大部分省（区、市）均有石墨分布。分布主要有以下两个基本特点：矿石种类齐全，以晶质石墨为主，也有隐晶质石墨产出；矿产地分布既广泛又相对集中。黑龙江省的晶质石墨储量最多，约占全国储量的60%。资源储量较多的地区还有四川、山东、内蒙古、河南、陕西，集中了晶质石墨资源储量的90%以上。中国石墨资源分布情况如图4-1所示。

晶质石墨以大、中型矿床居多，占总数的70%，主要有黑龙江省萝北县云山、勃利县佛岭、鸡西市柳毛及四川省攀枝花市中坝等4处特大规模矿床，合计矿物保有储量占全国晶质石墨的66%，其他多为中、小型矿。石墨鳞片以中等鳞片居多，片径为0.05~1.5 mm。富含大鳞片石墨（+100目）的矿床约占总矿产地的30%，保有储量约占石墨总量的10%，主要分布在山东、内蒙古、湖北等地。

隐晶质石墨矿主要分布在湖南、广东、吉林、陕西、北京等省区，共有12个矿区。其中，前三位储量较大的省份分别为湖南、吉林和广东，总量近占全国的94%。隐晶质石墨矿以中、小型为主，中型矿占39%，小型矿占4%，仅有一处大型矿在湖南省桂阳县荷叶，占隐晶质石墨保有储量的57%。

2015年，内蒙古阿拉善发现了一处超大型大鳞片石墨矿——查汗木胡鲁石墨矿，探明石墨资源总量1.3亿吨，属特大型矿山，约占全球可采储量的7.3%，平均品位为5.45%。其中，大鳞片石墨矿物量多达703万吨，相当于7个马达加斯加大鳞片石墨主产区的资源量，全矿区片度大于+100目的大鳞片石墨占99.8%，如此高品位、超大规模的资源储量在国内乃至世界尚属罕见。查汗木胡鲁石墨矿资源优势明显，是全球少数可以进行石墨全产业链深加工的石墨资源，它的发现不仅将改变我国石墨资源的分布格局，甚至直接影响到全球石墨资源的格局。

中国地质科学院徐志刚等对我国石墨

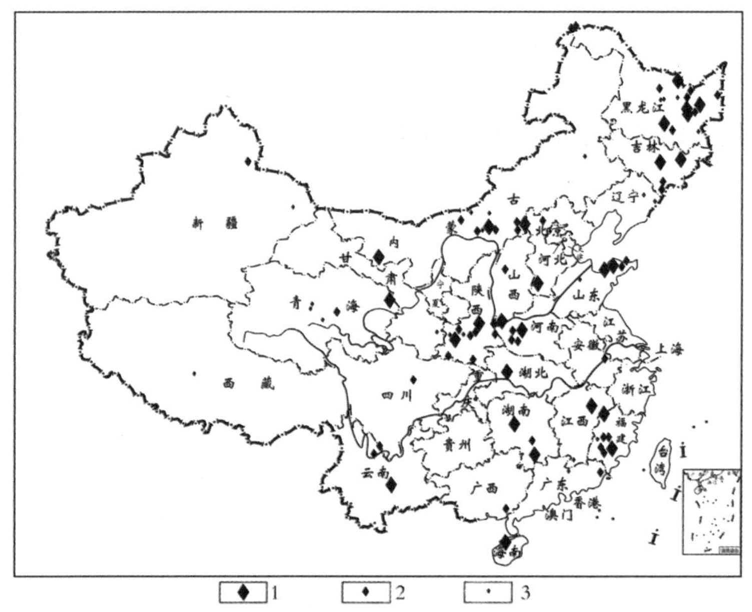

1 大型石墨矿区 2 中型石墨矿区 3 小型石墨矿区

图4-1 中国石墨矿床不同的构造板块分布示意图

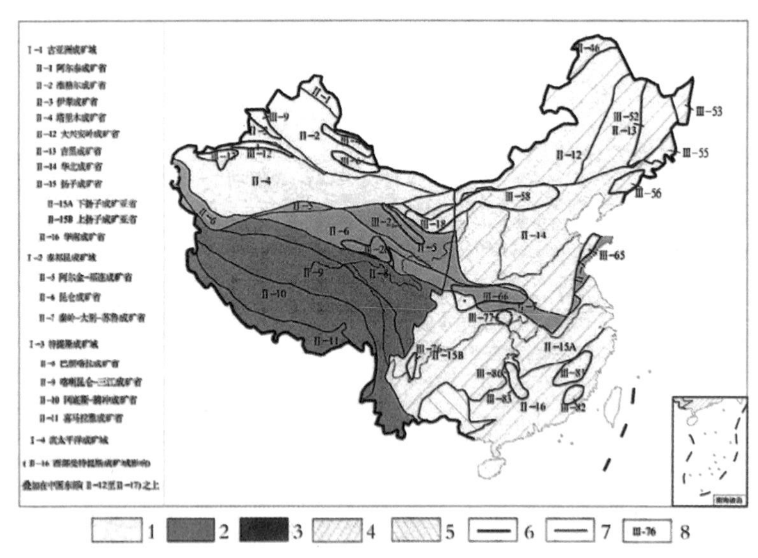

1.古亚洲成矿域 2.秦祁昆成矿域 3.特提斯成矿域 4.滨太平洋成矿域 5.受特提斯影响地区 6.Ⅰ级成矿域界线 7.Ⅱ级成矿省界线 8.石墨Ⅲ级成矿区带远景区界线及编号

图4-2 我国成矿域（Ⅰ级）、成矿省（Ⅱ级）和石墨成矿区带（Ⅲ级）远景区划分简图

成矿带进行了划分，在中国石墨成矿区带（Ⅲ级）中，东部划分出11个成矿远景区，西部划分出7个成矿远景区。我国成矿域（Ⅰ级）、成矿省（Ⅱ级）和石墨成矿区带（Ⅲ级）远景区划分如图4−2所示。

中国著名的石墨矿

国已知的具有开采价值的石墨矿床按其成因可分为区域变质型晶质石墨矿床、接触变质型隐晶质石墨矿床及岩浆热液型晶质石墨矿床3种类型。其中，以区域变质型晶质石墨矿床最多，其次为接触变质型隐晶质石墨矿床，岩浆热液型晶质石墨矿床较少。

中国石墨矿主要分布在黑龙江、山东、内蒙古、湖南、西藏、新疆等省份。

区域变质型石墨矿床占中国已知石墨矿床的84%，储量占石墨探明储量的77%，是中国石墨矿床的主要类型。矿床赋存于距今6.5亿年之前（前寒武纪）的变质程度很高的岩石中。属于此类型的典型矿床有黑龙江鸡西柳毛、云山，山东莱西南墅、北墅，以及内蒙古兴和、江西金溪、云南元阳、湖北三岔垭等石墨矿床。

——地学知识窗——

“中国石墨之都”——鸡西

世界石墨的65％在中国，中国石墨的60％在黑龙江，黑龙江石墨的50％在鸡西。鸡西已探明石墨资源储量（矿石）约5.4亿吨，远景储量达8.5亿吨，居亚洲之首。2014年11月27日，中国矿业联合会授予鸡西市“中国石墨之都”矿业名城的称号。

一、黑龙江鸡西市柳毛石墨矿

黑龙江省鸡西市是我国重要的石墨产区，总储量达5.4亿吨。开采历史可以追溯到日本侵华时期，1936年日本人在柳毛石墨矿建立两条生产线，鸡西市从此成为中国石墨重要产地。

鸡西市的石墨矿主要位于佳木斯隆起南部规模巨大的麻山石墨含矿带东端。麻山一带是一个主要由近东西向的复向斜和逆冲断裂组成的东西向构造区，以后又被北西及北东向断裂支解为一系列叠瓦式断块。共有石墨12层，众多的矿点星罗棋布于鸡西、黄汪沟、西麻山、石场、和平、余庆、中三阳、龙爪及光义等地。

柳毛石墨矿（图4−3）是麻山含矿带中特大型的矿床，为一个四面受断层围限的近方形的断块，矿区含大西沟、郎家沟及站前3个矿段，面积47 km^2。矿区内褶皱和断裂构造发育，大西沟复向斜轴向50°～60°，由3个次级向斜和1个次级背斜组成，走向断裂和横断裂规模较大，对地层和矿体有控制作用。全矿区共有大小石墨矿体56个，单矿体长可达1 000多m左右，厚15～17 m。

图4−3　柳毛石墨矿卫星图

包围石墨矿体的围岩主要是变质程度很高的岩石，主要有石榴石斑条带混合岩、夹石榴堇青片麻岩、二辉斜长片麻岩和石英钾长交代岩、混合岩化石墨透辉斜长片麻岩、石墨夕线斜长片麻岩等等。

多层石墨矿组成宽600～1 000 m的矿带，主要分布在大西沟复向斜构造的北西翼，走向50°～60°，倾向南东，倾角45°～60°。由于褶皱、断裂对矿层的影响，大西沟矿段的矿体最为集中，规模也最大，分布有44个矿体。矿体平均厚度11～27 m，呈层状、楔状及透镜状，常见膨胀、收缩、分叉及断裂切割现象，长300～1 600m，深200～800 m，倾角40°～60°。石墨矿石（图4−4）主要有两种：一种是品位较高（含固定碳13%～16%）的钒榴石墨矿，占整个矿段矿石量的80%；另一种是品位较低（含固定碳3%～8%）的夕线石墨矿、透辉石墨矿、石英石墨矿。矿石其他化学成分有TiO_2（0.047%）、V_2O_5（0.17%）、

Fe_2O_3（5.69%）、S（1.35%）。矿石呈鳞片花岗变晶或鳞片变晶结构，片状、片麻状、块状构造。石墨呈鳞片状，片径0.063~0.25 mm，其中大于0.15 mm者占56%。矿石易选，石墨精矿品位可达90%。矿床中伴生的金红石、黄铁矿及钒等可供综合回收利用。

值得一提的是，柳毛石墨矿是国内最著名的晶质石墨矿床，但不是储量最大的。黑龙江省鹤岗市的萝北县云山石墨矿（图4–5）是我国乃至亚洲储量最大的石墨矿。

图4–4 柳毛石墨矿石

图4–5 云山石墨矿开采现场

云山石墨矿已探明矿石量8.15亿吨，石墨矿物量7 000万吨，平均品位为8.45%。萝北县也成为我国最大的石墨矿富集区。

二、内蒙古兴和黄土窑石墨矿

黄土窑石墨矿，位于内蒙古自治区乌兰察布市兴和县店子乡境内。矿区至兴和县城50 km，至（北）京—包（头）线柴沟堡车站50 km，交通较方便。矿区开发历史悠久，共探明矿石储量6 000余万吨，折合晶质石墨矿物量近300万吨，属区域变质型石墨矿床。

矿区出露地层为古太古界集宁群沉积变质岩系。岩性为辉石黑云斜长片麻岩、夕线榴石片麻岩、内夹角闪辉石片麻岩，以及蛇纹石化、透辉石化大理岩。石墨矿层赋存于夕线榴石片麻岩内。石墨矿层长度为500~1 000 m，最长3 500 m，厚度为15~35 m。

矿区开发历史悠久，最早可追溯至20世纪初。1917~1923年间，山西省普晋公司经理阎子安发现了兴和县黄土窑石墨矿，并在马连沟村周围试探石墨，土法开采。后因社会动乱而停采。1930年，阎子安在山西省天镇县成立银矿居，再次对该区石墨矿进行了考察，择其优良处开采，年产石墨精矿90~100吨。1937

年，日军侵入华北时，日本人曾来此调查黄土窑石墨矿，并对石墨矿进行了掠夺性的开采，平均年产石墨精矿300~400吨。1952~1956年，山西省民众在前人工作基础上，成立了“宏茂”石墨矿山，选择富集较好的石墨矿段进行小量开采，平均年产石墨精矿12吨。1956~1959年，“宏茂”石墨矿正式转为地方国营兴和石墨矿，最高年产石墨精矿750吨。1960年以后，因石墨销路不畅，产量连续下降，停产。

1969年，建筑材料工业部派员调查了石墨矿床分布特征，圈定了范围，并决定在此建设矿山，开采石墨。1975年，兴和县石墨矿改属内蒙古自治区建材局。石墨产品增加到23种，由生产单一品种的中碳石墨，发展成为可生产94%~99%的高碳石墨及部分石墨制品等。至1990年，石墨精矿产量达6 906吨，每年有50%以上的石墨产品出口，成为中国三大鳞片石墨生产基地之一。

对该矿进行系统的地质勘查工作始于1956年，华北地质局二〇二地质队对黄土窑石墨矿进行了地质普查，填制了1∶10000地质草图，提交了地质普查报告，对本区区域构造、岩性特征作了论述。1959年11月至1960年3月，内蒙古地质局水文地质队石墨组，对黄土窑石墨矿进行普查评价，提交了工作简报。1960年至1961年2月，内蒙古地质局二〇三地质队对该石墨矿进行了普查、勘探，圈出9个石墨矿体，提交了《内蒙古自治区兴和县黄土窑石墨矿普查—勘探报告》，探明石墨矿石储量3 413万吨，折合晶质石墨矿物储量145.7万吨。

1965年，建筑材料工业部地质总公司604队对云华背18号矿体A段作了勘探，探明矿石储量684万吨，折合晶质石墨矿物量29.8万吨。1977~1978年，内蒙古建材局非金属地质队对黄土窑矿区11号矿体进行了详查，探明矿石储量101万吨，折合晶质石墨矿物量3.8万吨；1980~1994年，该队又对云华背18号矿体B段、C段开展了详查、勘探工作，探明矿石储量2 000余万吨，折合晶质石墨矿物储量近100万吨。

三、湖南郴州鲁塘石墨矿

湖南鲁塘石墨矿位于湖南省郴州市北湖区境内，属北湖区鲁塘镇管辖（图4–6）。鲁塘镇石墨开采历史悠久，最早可以追溯到20世纪30年代。老窿口主要分布于矿层浅部，大多为平硐，少数斜井，开采深度一般为20～50 m，巷道长度不足100 m，所采石墨矿层厚度一般为0.5～2.0 m，开采规模一般为0.1万～0.3万吨/年。

鲁塘石墨矿属于接触变质型隐晶质石墨矿床，此类型矿床占中国已知石墨矿床的14%，储量占石墨探明储量的22%，是中国石墨矿床中较主要的类型。此类矿床是由于岩体侵入含煤地层引起煤层接触变质而成。矿床规模以中、小型为主。

湖南鲁塘石墨矿矿床产于含煤地层与岩体接触带。含矿岩系为砂页岩变质的板岩、千枚岩、硅质岩及绢云母石英岩，无烟煤变质成为石墨，二者之间通常都存在一个过渡带即煤与石墨混生的半石墨带。

鲁塘石墨矿位于鲁塘复向斜的东翼，骑田岭花岗岩体沿向斜东部侵入引起围岩斗岭组煤系接触变质，煤变成石墨。斗岭组地层主要是砂页岩夹煤层，煤及石墨赋存于斗岭组上部。该地层受热变质而形成板岩及石英岩。变为石墨的煤属可燃性挥发分较低的无烟煤，氢含量很低，变质程度较高。

矿体主要分布于回子岭和狮子脑两个向斜构造中，走向25° 左右，产状平缓，倾角12°~47° 。含矿地层总厚210 m，有工业矿体4层，矿体总厚度3.72 m，其中Ⅱ号矿规模较大，平均厚1.42 m。矿体露头延伸长达3 300 m，以芋头石沟豁为界将矿床分为南、北两段，北段规模较大，达到中型，为主要开采对象，而且深部远景资源量较多。在石墨矿层与煤层之间通常有一个石墨无烟煤混生带（即半石墨带），石墨、半石墨和煤层的分带大致与花岗岩体平行，其矿物物理、化学性质逐渐有序变化，显示接触变质矿床的典型特征。

矿石的主要矿物成分为石墨，其次为石英、绢云母、方解石、红柱石等，具土状或致密块状构造，显微鳞片变晶、鳞片变晶及隐晶质结构（图4-7）。呈钢

图4-6　鲁塘石墨矿自然风景

图4-7　鲁塘石墨矿矿石

灰色，具金属光泽和强的滑腻感。矿石中有用组分富集均匀，品位较高，固定碳含量一般为75%~80%。其他组分含量中，灰分为17.10%~21.47%，挥发分为0.3%~1.71%，水分为2.40%~6.45%，硫为0.02%~1.16%。矿石可选性差，通常经手选后直接加工成各类产品。

鲁塘石墨矿的隐晶质石墨质量曾获得国家“质量银质奖”，产品出口到日本等国，在国际上具有一定影响。

四、新疆奇台县苏吉泉石墨矿

苏吉泉石墨矿位于新疆克拉麦里山北麓（图4-8），东准噶尔优地槽褶皱带哈萨坟复背斜南翼，库普大断裂和清水—苏吉泉大断裂之间的一个北西向狭长构造带中。带内发育一系列褶皱和逆冲断裂，加上多期次岩浆侵入喷发，构造十分复杂（图4-9）。

矿区内分布着大面积的花岗岩，以海西中期花岗岩分布最广，与石墨成矿有关

图4-8　苏吉泉自然风光

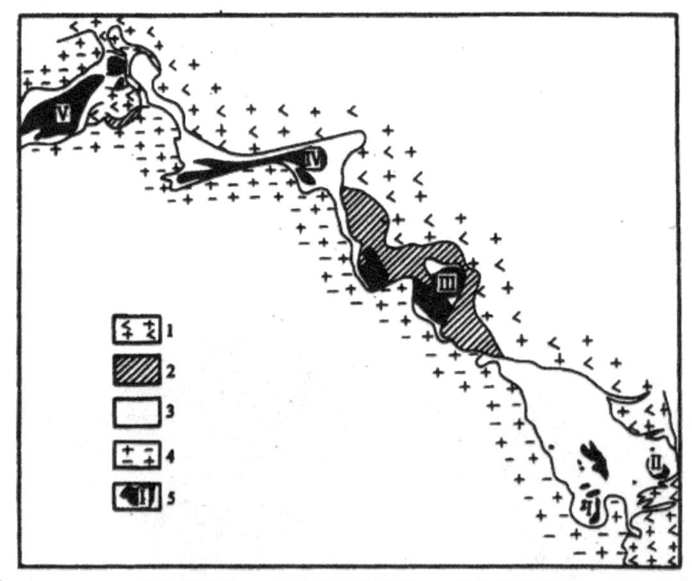

1.角闪花岗岩　2.混染角闪花岗岩　3.混染花岗岩　4.黑云母花岗岩　5.石墨矿体

图4-9　苏吉泉石墨矿体分布略图（据谭冠民引自新疆地质矿产局第五地质队，略有修改）

苏吉泉石墨矿属于岩浆热液型石墨矿床。此类型矿床较为少见，仅占中国已知石墨矿床的2%，储量占石墨探明储量的1%，目前，只在我国新疆、西藏等地有所发现。与岩浆有关的石墨矿床见于新疆奇台等地，产在花岗岩的接触带上，矿床规模一般为中、小型。与热液有关的石墨矿可见于新疆托克布拉克等地。

的是该期第六次侵入的斑状黑云母花岗岩及同源的混染花岗岩。石墨矿产于黑云母花岗岩与角闪花岗岩接触带上的含石墨混染花岗岩中，含矿花岗岩的围岩为中泥盆统平顶山组地层，其岩性以凝灰岩、砂岩、粉砂岩为主，夹少量碧玉岩、玄武玢岩、钙质砂岩透镜体。

区内规模较大的清水—苏吉泉断裂控制了岩体的分布和产出，形成较晚的其他两组断裂则对矿体起破坏作用，黑云母花岗岩与角闪花岗岩呈侵入接触，其接触带控制了含矿花岗岩的产出与分布。矿体呈300°~320°方向断续展布，多为不规则透镜状，平面上近似等轴状，在主矿体附近常有一些小矿巢。矿体与直接围岩无明显界线，一般靠采样分析确定。矿体产状平缓，倾角8°~10°，局部20°。矿区共发现矿体20余个，以Ⅰ~Ⅴ号矿体规模较大，长度280~1 000 m，宽36~550 m，一般深度16~29 m，最深50 m以上，5个矿体总储量达到中型矿规模。

矿石具鳞片粒状结构，可分为球状、豆状、球斑状、浸染—球斑状、浸染斑杂状构造类型，以球状、豆状构造为主，其特征是石墨呈皮壳状层层结晶聚集，包围其中主要为浑圆角闪花岗岩等角砾的“夹心”，夹心中见有少量隐晶质石墨，球体直径1~5 cm不等，个别大于10 cm。矿石自然类型为含石墨混染花岗岩，与石墨共生的矿物有石英、条纹长石、更长石、角闪石、黑云母，以及钛铁矿、磁铁矿、磁黄铁矿、锆石、萤石、刚玉、独居石、磷灰石、金红石、黄铜矿、黄铁矿、辉铜矿、重晶石、天青石等。

石墨呈鳞片、叶片状结晶集合体，片径一般为（0.1~0.2）mm×（0.007~0.015）mm。矿石化学成分：固定碳含量2.5%~10%，Ⅰ~Ⅴ号矿体固定碳含量平均为3.84%~5%，Fe_2O_3为3.10%，SO_2为0.88%。矿石中伴生微量元素种类多，以钛、锆、铪、铜等含量较高，TiO_2为0.34%，Cu为0.046%，稀土元素总量可达0.037%。矿石可选性较好，矿石选矿试验结果显示精矿的品位和回收率都在89%以上。

五、内蒙古阿拉善盟查汗木胡鲁石墨矿

查汗木胡鲁石墨矿区隶属内蒙古自治区阿拉善左旗敖伦布拉格镇管辖，勘查区面积11.42 km^2。已探明石墨矿石资源总量12 893.1万吨，矿物量702.91万吨，约占全球可采储量的7.3%，平均品位为5.45%，为我国近年来发现的特大型石墨矿床。如此高品位、超大规模的资源储量在国内乃至世界尚属罕见。

区内共圈定石墨矿体11个，Ⅲ、Ⅳ号矿体为主矿体。矿体控制长度为85~1 630 m，控制最大斜深563 m。

据USGS（美国地质调查局）2013年报告显示，全球大鳞片石墨矿物量已不足500万吨，其中，马达加斯加大鳞片石墨主产区也只有94万吨。而我国的查汗木胡鲁矿大鳞片石墨矿物量多达703万吨，相当于7个马达加斯加大鳞片石墨主产区的资源量。经岩矿鉴定，全矿区片度大于+100目以上的大鳞片石墨占到99.8%。

查汗木胡鲁石墨矿资源优势明显，是全球少数可以进行石墨全产业链深加工的石墨资源，不仅将改变我国石墨资源的分布格局，甚至直接影响到全球石墨资源的格局。该矿又因矿石易选，可全部实现露天开采，开采技术条件要求较为简单，加之较为便利的交通，开发价值巨大。

该矿山拟设计年生产石墨浮选精矿16万吨，服务年限28年，设计生产可膨胀石墨、柔性石墨、球形石墨、锂离子电池负极材料、氟化石墨、核石墨等深加工产品，预计总产值可达7 000亿元。

——地学知识窗——

球形石墨

球形石墨是以优质高碳天然鳞片石墨为原料，采用先进加工工艺对石墨表面进行改性处理，所生产的不同细度、形似椭圆球形的石墨产品。

球形石墨材料具有良好的导电性，结晶度高，成本低，理论嵌锂容量高，充放电电位低且平坦等特点，是目前作为锂离子电池负极材料的重要部分，是国内外锂离子电池生产用负极材料的换代产品。这种电池具有优良的导电性和化学稳定性，充、放电容量高，循环寿命长，绿色环保。

石墨在山东

山东省地处黄河下游，黄海、渤海之滨，自然风光的秀美与人文资源的悠久在这里融为一体，其丰富的矿产资源也在诉说着这古老大地的繁荣与富饶。

山东是我国重要的石墨成矿区，已查明资源储量居全国第五位。石墨矿主要分布在胶东地区，集中分布在平度、莱西、莱阳等地，牟平、文登等地也有少量分布但规模较小。

为什么山东的石墨矿藏如此丰富呢？到底有怎样的地质环境呢？让我们来慢慢解答。

山东石墨资源

一、分布及特点

石墨是山东省的优势矿产之一，全省石墨矿主要分布于胶东地区的青岛（平度市、莱西市）、烟台（莱阳市、牟平区）、威海（文登区）及鲁中地区的莱芜等地（图5-1）。青岛的平度、莱西是我国晶质石墨矿床重要产区之一。

山东省石墨矿的产出具有如下特点：

（1）大、中型多，分布相对集中。全省共计21个石墨矿区，其中大型7个，中型6个，占62%。21个矿区的分布：青岛市15个（平度市13个、莱西市2个），占71%；烟台市4个（莱阳市2个、牟平区2个），占19%；威海1个（文登区1个）；莱芜市1个。

（2）矿床类型单一。矿床类型均为区域变质型石墨矿床。

二、储量

截至2014年年底，山东省有石墨矿床21处，大型7处、中型6处、小型8处，累计查明矿石量为5.9亿吨，矿物量为1 612万吨。已查明的晶质石墨矿产资源居全国第五位，石墨产量居全国第二位。

山东著名的石墨矿

山东省的石墨矿主要集中在胶东的平度和莱西。从大地构造位置上看，属于胶北隆起区。在众多的大、中型石墨矿床中，莱西南墅石墨矿和平度刘戈庄石墨矿属国内典型的区域变质型大型晶质石墨矿床，北墅石墨矿和徐村石墨矿也属于省内具有代表性的石墨矿床。

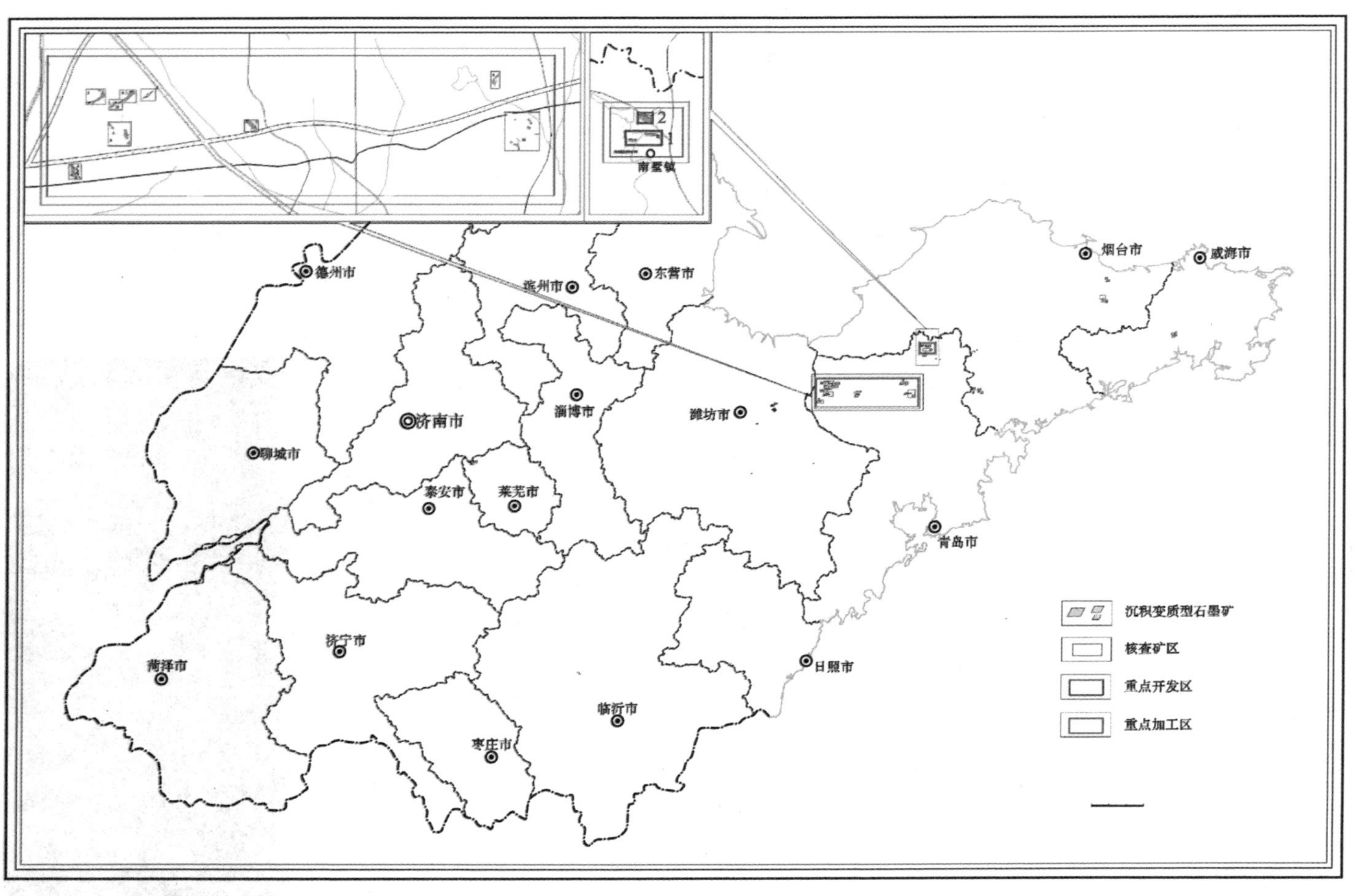

图5-1　山东省石墨矿分布及勘查开发利用布局

一、莱西南墅石墨矿

南墅石墨矿位于莱西市南墅镇西北约3 km（图5-2），矿区范围南北长7.5 km，东西宽6 km，主要包括岳石和刘家庄两个矿段。矿区历史悠久，所产鳞片状晶质石墨质量上乘。矿区已查明石墨矿石量8 929万吨，矿物量397万吨。

矿区出露地层均为古元古代荆山群。主要岩性为野头组二段（定国寺大理岩段）的蛇纹石大理岩及陡崖组徐村石墨岩系段的石榴黑云斜长片麻岩、透辉透闪岩及大理岩。石墨矿赋存于陡崖组徐村石墨岩系段中。矿区总体为一个轴向近EW向的背斜构造——刘家庄背斜。岳石矿段分布在背斜的南翼。刘家庄矿区分布在背斜的核部及北翼。矿区内北东向断裂较发育，对矿体有一定破坏作用。矿区内新元古代变辉绿岩、二长花岗岩较发育，多呈小岩株状。这些侵入岩均穿切矿体。

刘家庄矿段矿体呈层状、似层状或透镜状，与围岩界限较清晰。矿体沿走向延长数百米至1 600 m，沿倾向延深数十米至400 m；矿体厚数米至50 m。主要矿体有7个，以Ⅰ、Ⅴ、Ⅶ号矿体规模较大（尤其是Ⅶ号矿体规模最大），约占总储量的93%。矿石自然类型以石榴斜长片麻岩型为主，透辉岩型和大理岩型次之。矿石主要结构为鳞片粒状变晶结构，其次为填隙结构、压碎结构；主要构造为片麻状构造，其次为浸染状构造、碎裂状构造。

岳石矿段主要由3个石墨矿带组成（Ⅲ矿带为主矿带）。石墨矿体赋存于石榴黑云斜长片麻岩，或分布在石榴黑云斜长片麻岩与蛇纹石大理岩之间。呈似层状、透镜状，矿体产状与围岩产状一致，走向近EW，倾向S，倾角20°～85° 。矿石

图5-2　南墅石墨矿采坑

类型分为片麻岩型、透闪透辉岩型、大理岩型和碎裂岩型等4类。

早在1926年，河北省张景山曾到南墅进行石墨矿产调查，准备在刘家庄采矿，因与山东的丁世生发生矿权之争而中止。1936年，张会若在《矿冶》发表《山东矿产分布及储量》一文，其中介绍了南墅石墨矿。1943年，日本人曾在南墅设采场及选厂采选石墨，当时名为天津株式会社南墅矿山。1945年日本侵略者投降时，将其毁为废墟。1948年由中国人民解放军渤海军区后勤部接收，改名西海采矿办事处，1949年转给华东工业部第三军工局，改名南墅石墨矿。

中华人民共和国成立后，为发展国民经济，1949年12月华东工业部矿产勘测处技术员沙光文、王承棋、谢继哲等，应山东省政府有关部门的邀请，来矿区勘查石墨矿，1950年3月编写提交了《山东莱阳县南墅石墨矿简报》，对该区石墨矿作了初步评价。

1957年2月，冶金部地质局华北分局五〇一队对正在开采的岳石矿区开展了系统而全面的地质勘探工作。1958年5月，柏承政等编写提交了《山东省莱西县南墅石墨矿岳石矿区详细勘探总结报告》（图5-3）。

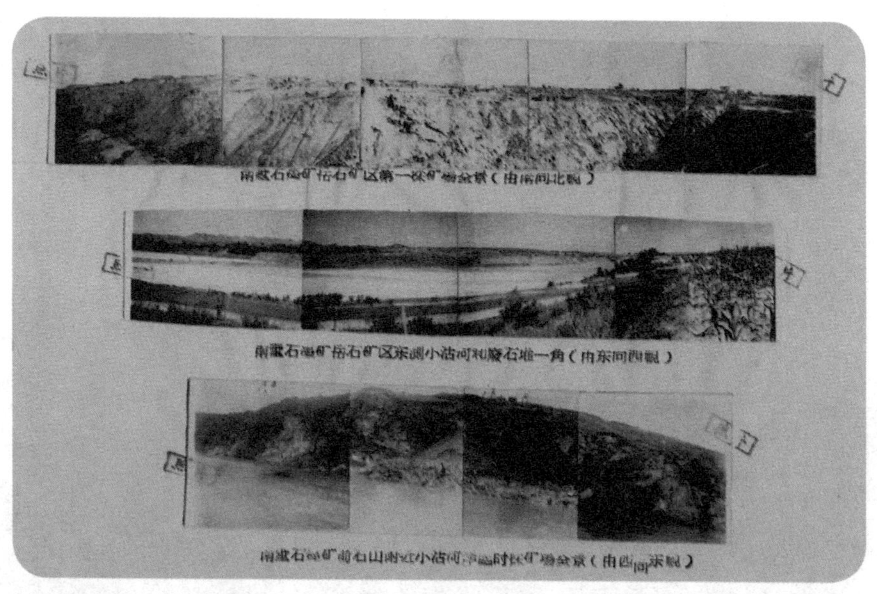

图5-3　南墅石墨矿岳石矿区照片（据《山东省莱西县南墅石墨矿岳石矿区详细勘探总结报告》，1958年）

二、平度刘戈庄石墨矿

平度刘戈庄石墨矿位于平度市西北25 km，属张舍镇辖区（图5-4）。该矿山开采始于1978年，1979~1982年山东省地矿局第四地质队在矿区开展勘查工作。矿区已查明石墨矿石量6 538万吨，矿物量219万吨。

矿区位于胶北隆起西南部、胶莱盆地的西北部。区内广泛出露古元古代荆山群野头组和陡崖组变质地层。含矿岩性主要为石墨黑云斜长片麻岩、石墨透闪透辉岩、混合质石墨黑云斜长片麻岩、变基性斜长角闪岩等。矿区褶皱构造较多，包括刘戈庄—田庄向斜的一部分及南坦坡小背斜褶皱，形成一个相对隆起的褶皱断块构造地段（图5-5）。

按含矿地层的岩石组合不同，矿区划分四个石墨含矿带，编号分别为Ⅰ、

图5-5　刘戈庄石墨矿床地质简图

图5-4　刘戈庄石墨矿采坑

Ⅱ、Ⅲ、Ⅳ。第Ⅱ含矿带全部由含石墨岩石组成，其中的Ⅱ-1矿体，含矿连续，规模巨大，为主矿体。第Ⅲ含矿带厚度达150 m，有含矿层6层，含矿体21个，其中工业矿体18个。

刘戈庄石墨矿矿石类型为透闪透辉岩型、混合质片麻岩型、碎裂岩型。其选矿生产流程：石墨原矿经过400×600破石机破碎到10 cm，再经250×1 000破石机破碎到3 cm，进入球磨机，磨碎到0.5 cm左右，经6A浮选机可选出35%~40%的石墨精矿，经过5A浮选机精矿品位可为70%~80%，精矿进入经800再磨机磨矿后再进入5A浮选机，可以得到85%的石墨精矿，经过再次磨矿和浮选，精矿品位可以达到95%，尾矿品位为0.3%。选矿流程如图5-6、图5-7所示。

矿石经深加工后制成石墨微粉、高纯石墨、可膨胀石墨（图5-8）、石墨纸（板材）、胶体石墨、石墨制品（图5-9）、石墨密封材料和石墨坩埚等产品，在世界石墨市场上享有盛誉。

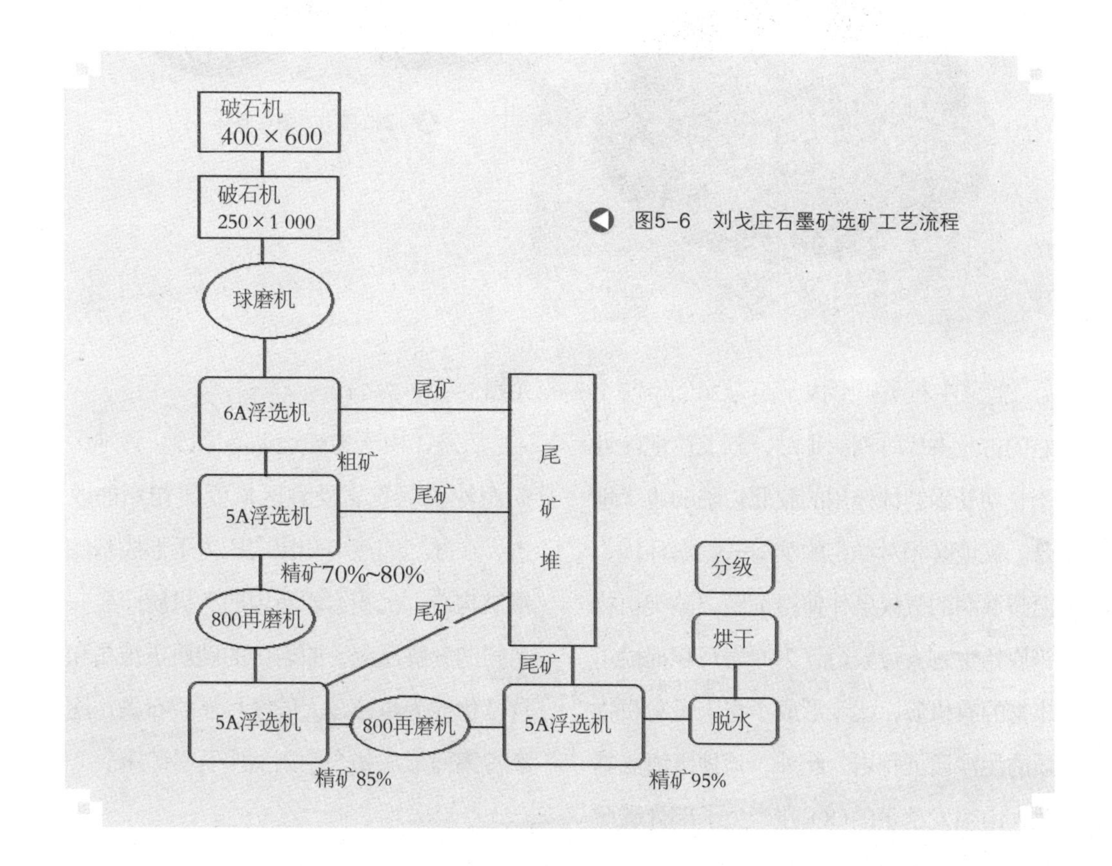

图5-6 刘戈庄石墨矿选矿工艺流程

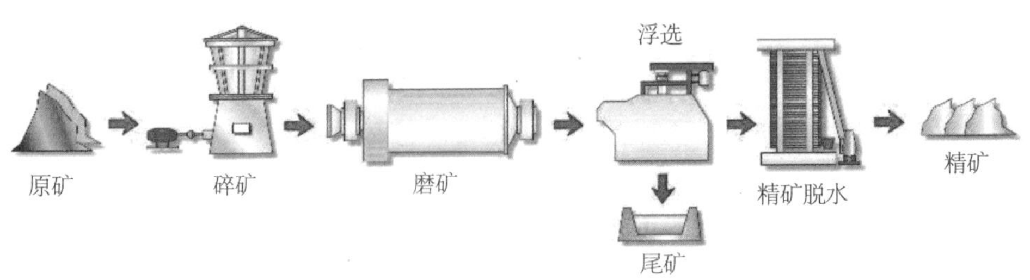

图5-7 选矿流程中设备示意图

图5-8 可膨胀石墨

图5-9 石墨填料环

刘戈庄石墨矿形成于距今20亿年前左右的古元古代时期。那时，刘戈庄地区处于长期受到剥蚀作用的胶北古陆的边缘地带。该地区相对稳定的滨海—浅海环境、温暖湿润的气候条件使得细菌、藻类植物等原始生物大量繁衍，为原岩沉积提供了丰富的有机质，逐步形成了含大量有机物质的泥沙质沉积岩。此外，该地区海底基性火山喷发携带的CO_2亦产生了部分碳质（图5-10、5-11）。

后来，由于地壳运动等原因，该地区的泥沙质沉积岩受到区域变质作用的改造，在强烈的热力和定向压力下形成基底褶皱构造。沉积岩岩石中的有机质产生一系列的分解反应，原岩中的碳质重结晶和片理化成为粒径较大的鳞片晶质石墨，逐渐富集而形成如今的刘戈庄石墨矿床。

图5-10 古元古代褶皱

图5-11 古元古代藻类植物

三、莱西北墅石墨矿

北墅石墨矿床位于莱西市南墅镇北墅村的东北，有招远市至青岛市的公路穿过矿区的中部，距蓝（村）烟（台）铁路上的莱西（望城）车站南约45公里，交通方便（图5-12）。

北墅石墨矿床是一个大型石墨矿床。矿体赋存于黑云母斜长片麻岩中（图5-13），规模较大，呈层状、似层状、透镜状，具有一定的层位，产状和片理方向与围岩方向一致。分为Ⅰ、Ⅱ、Ⅲ三条矿带，以ⅡA矿体为最大，其次为ⅢB矿体。石墨呈鳞片状，铅灰色，与云母一起，按一定的片理方向排列，鳞片大小为0.5～2 mm,最大可达4 mm以上。矿石类型单一，石墨品位较低但稳定，全矿平均含C 3.17%，S 3.49%，TiO_2 0.63%，Fe_2O_3 9.44%。探明石墨矿石量4 575万吨，折合晶质石墨矿物量138.7万吨。

北墅石墨矿是1926年发现并试采的，1943年至1944年，日本侵华时对该地区的石墨矿进行了掠夺性开采。1957年烟台专区生建公司在北墅建矿，生产规模逐年扩大，1975年年产石墨精矿超过4 000吨，现已停产。

前人曾在此做过不少地质工作，主要有：1949年华东区工业部矿产测勘处沙光文等3人在此测绘1：1万地形地质露头

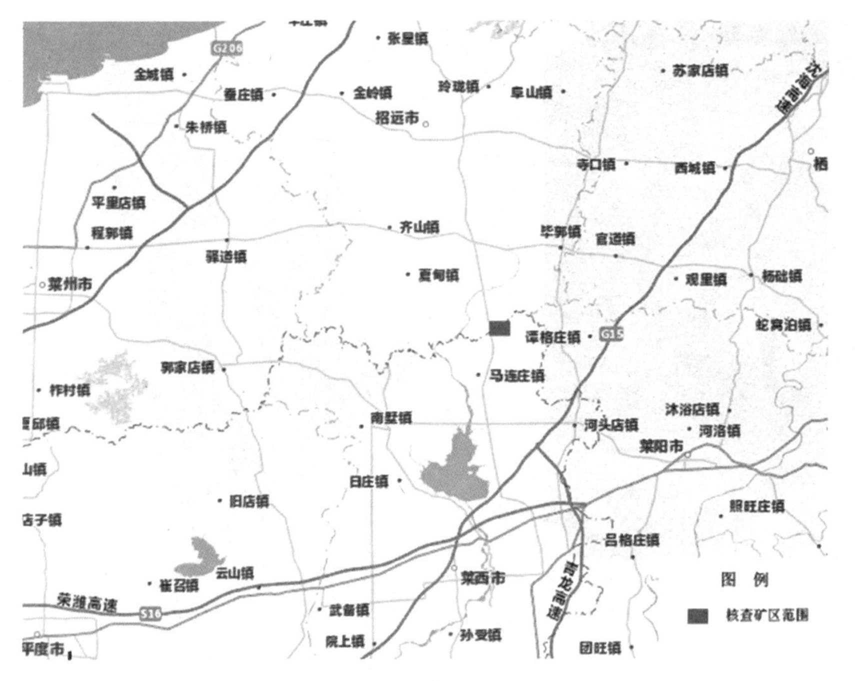

图5-12　莱西北墅石墨矿交通位置图

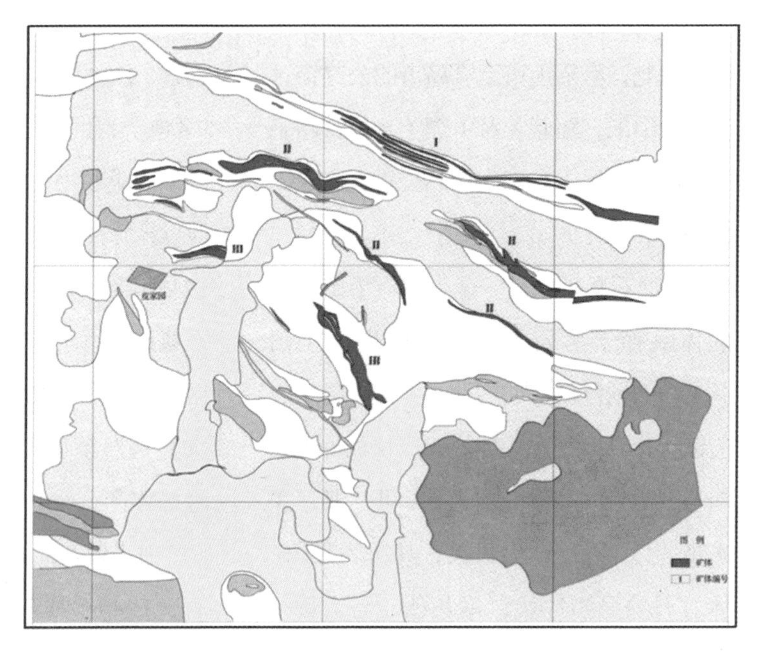

图5-13　莱西北墅石墨矿床地质简图

分布图一幅，面积40 km²；1956年，地质部物探局一〇六队在以南墅为中心的180 km²范围内进行了1∶5 000和1∶10 000的磁法勘探；1957年冶金工业部地质局五〇一队在南墅石墨矿区详勘时，编制了1∶1万地质图。1960年山东省冶金工业局第五勘探队为检查磁异常，在皮家院东的250 m处，施工一个深99 m的钻孔，见两层石墨矿并首次在深部发现了石墨矿层。建筑材料工业部非金属地质公司一〇三队在南墅石墨矿石矿区补充勘探时，对北墅石墨矿做了普查工作，估算了Ⅰ、Ⅱ、Ⅲ3条矿带矿石储量，共计4 013.6万吨。

1974年6月—1976年8月，山东省非金属地质队对Ⅲ号矿带和Ⅱ号矿带东段进行勘探工作，于1978年11月提交了《莱西县北墅石墨矿区详细勘探地质报告》。探明矿石储量4 575.28万吨，折合石墨矿物量138.71万吨。

四、牟平徐村石墨矿

徐村石墨矿位于烟台市牟平区城西南20 km处，属高陵乡所辖。矿区范围西起孙家疃，东至南辛峪，南自瓦屋屯，北到唐家夼，面积20余km²。

徐村石墨矿带赋存于粉子山群透闪斜长片麻岩、透闪透辉岩及大理岩层中（图5-14），局部呈捕虏体赋存在斜长角闪

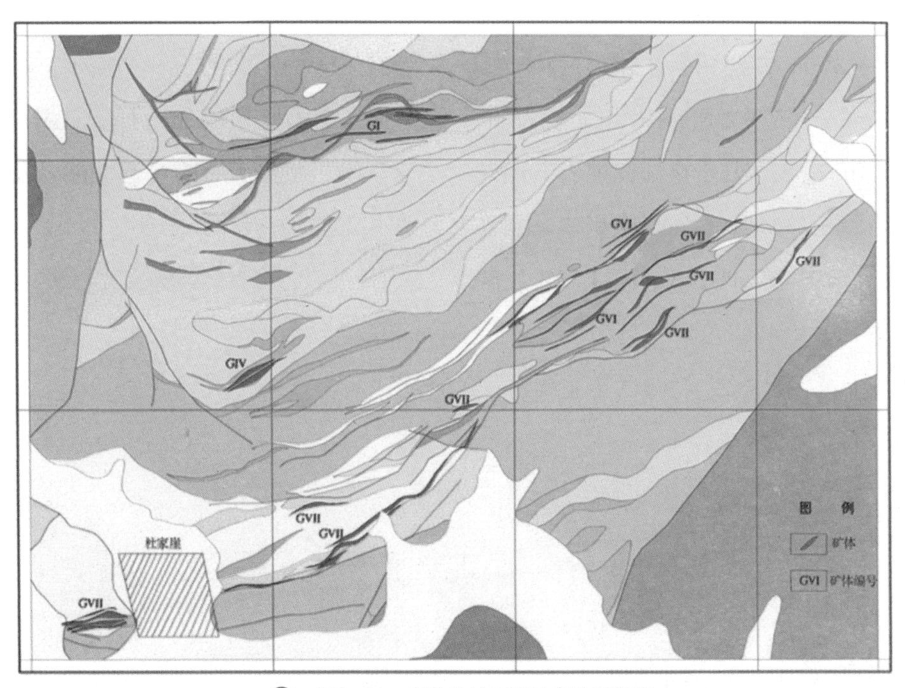

图5-14 牟平徐村石墨矿床地质简图

岩中。石墨矿带是地层的组成部分，其产状与近矿围岩一致，沿走向常有膨胀、狭缩、尖灭再现等现象。矿带随着地层产状的变化有时弯曲，矿带内有较多夹层，夹层与石墨矿层互层出现。矿带倾向320°～340°，倾角50°～80°。矿床受地层的原始沉积建造控制明显。

石墨矿体呈层状、似层状或透镜状，整个矿区自北而南共有7个矿带，大小107个矿体。对其中规模较大，质量较好或具代表性的37个矿体计算了储量。这些矿体长度50～835 m，厚度为2.04～12.24 m，平均厚度6.09 m，走向多在80°～90°，倾向多在350°～360°，倾角多在50°～70°。品位$2.52 \sim 5.92 \times 10^{-2}$，平均品位$3.35 \times 10^{-2}$。矿体几乎全部在地表出露，赋矿标高-227～100 m。全矿平均含C 3.35%、SiO_2 57.74%、Al_2O_3 14.33%，含水4.94%。累计探明石墨矿石储量1 230万吨，折合固定碳含量40.6万吨。

该矿区发现时间较晚，1974年，山东省地质局第三地质队在本区进行老变质岩区野外地质踏勘时，首次发现该矿区的北矿带。1978年，该队发现徐村地区石墨矿化点较多，范围大，有进一步工作的价值。1979年3月，在矿区发现了南矿带。

1980年至1981年，山东省地质局第三地质队对矿区进行了初步普查和详查工作。通过详查工作，基本查明了矿区石墨矿的分布规律和控矿地质条件。对矿体的分布、规模、主要矿体的延伸情况等有了较为全面的了解和控制。基本上掌握了矿石物质成分，石墨的赋存状态与氧化、原生矿石的可选性能以及矿区的水文地质和开采技术条件。

插上翅膀的石墨

石墨，渗透到我们的生活；石墨，改变了我们的生活。石墨，就像插上了翅膀一样，带着人类的梦想在飞翔。

由于新技术的不断创新和突破，石墨在高精尖领域得到越来越广泛的应用，成为战略性新兴材料。比如在智能手机、超高速宽带、计算机芯片等领域中，石墨家族的新成员——石墨烯的应用潜力是无限的。高纯度石墨、石墨深加工产品、未来燃料电池对石墨的需求量也将是巨大的。

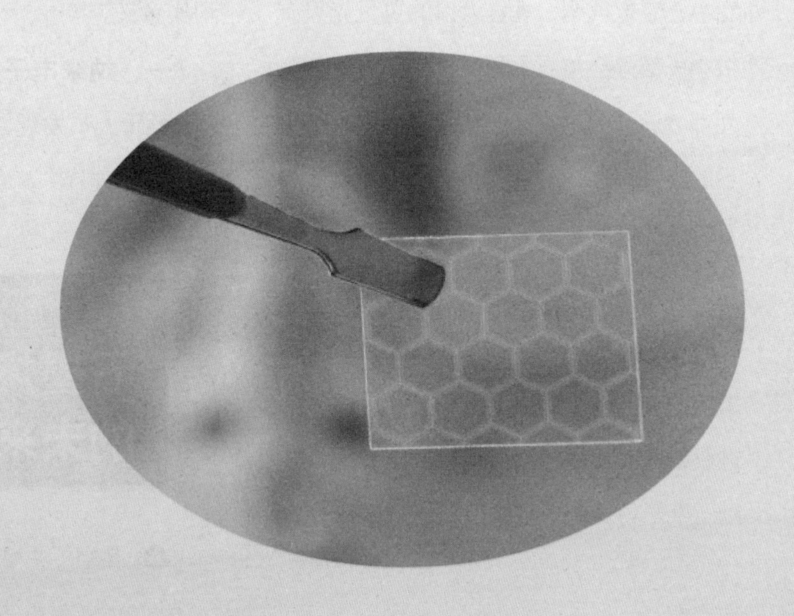

世界工业正在突飞猛进地向前发展，石墨已被国内外视为重要的工业矿物原料之一，特别是最近几年，石墨制品已在各行各业发挥着重要作用，被开发出许多新用途，国际市场需求量逐年增长。我国作为世界上石墨储量最大的国家之一，在发展石墨产业方面有着得天独厚的优势。石墨凭借其优异的性能及广泛的用途，必将成为非金属矿行业的领跑者。

石墨烯的世纪

石墨烯是一种有着独特性质的全新材料：它的导电性能像铜一样优秀；它的导热性能比已知的任何材料都要出色；它很透明，垂直入射的可见光只有很小一部分会被石墨烯吸收，而绝大部分光都会透过去；它又很致密，连氦原子也不能穿过去。科学家预言，21世纪将成为石墨烯的世纪（图6-1）。

2015年12月，工业和信息化部、国家发改委、科技部联合发布的《关于加快石墨烯产业创新发展的若干意见》提出，推进石墨烯产业绿色、循环、低碳发展，鼓励石墨烯粉体制备与天然石墨资源开发有机结合。发展石墨烯产业，对带动相关下游产业技术进步，提升创新能力，加快转型升级，激活潜在消费等，都有着重要的现实意义。

一、纳米电子器件方面

科研人员发现，室温下石墨烯具有10倍于商用硅片的高载流子迁移率，并且受

图6-1　石墨烯的未来

温度和掺杂效应的影响很小，表现出室温亚微米尺度的弹道传输特性，这是石墨烯作为纳米电子器件最突出的优势，使电子工程领域极具吸引力的室温弹道场效应管成为可能。较大的费米速度和低接触电阻则有助于进一步减小器件开关时间，超高频率的操作响应特性是石墨烯基电子器件的另一显著优势。此外，石墨烯减小到纳米尺度甚至单个苯环，同样保持很好的稳定性和电学性能，使探索单电子器件成为可能。

二、硅的替代品

依赖半导体晶硅研发的高频电路是现代电子工业的领头羊。一些电子设备，例如手机，由于被工程师们将越来越多的信息填充在信号中，它们被要求使用越来越高的频率，然而手机的工作频率越高，热量也越高，高频的提升便受到很大的限制。石墨烯的出现，使高频提升的发展前景变得无限广阔，制造超微型晶体管，用来生产未来的超级计算机，碳元素更高的电子迁移率可以使未来的计算机获得更高的速度。据估计，全球每年半导体晶硅的需求量在2 500吨左右，石墨烯如果替代1/10 的晶硅制成高端集成电路，市场容量至少在800亿美元以上。石墨烯制成的锂离子电池负极材料能够大幅提高电池性能，制成的超级电容器的充电时间只需1毫秒。石墨烯应用一旦产业化，将成为下一个万亿级的产业。

三、光子传感器

主要由硅材料制成的光子传感器主要用于检测光纤中携带的信息。随着IBM的一个研究小组披露了他们研制的石墨烯光电探测器，石墨烯将可以以光子传感器的面貌出现在更大的市场上。

四、基因电子测序

导电的石墨烯的厚度小于DNA链中相邻碱基之间的距离，以及DNA四种碱基之间存在电子指纹，因此，石墨烯有望实现直接、快速、低成本的基因电子测序技术。

五、军工领域

石墨烯以其特殊的声光学性能可运用于隐身材料上。制作超轻防弹衣，制造高能炸药，其柔性显示可用于未来的单兵作战系统，头盔、衣服、手套和袜子等都可以与之相结合。可用于舰艇高强度防腐涂料，并可用石墨烯开发出快速的人体、水质和食品检测工具等等。

六、涂料

添加石墨烯纳米纤维会在涂料中形成纳米网状架构，赋予其天然成分所不具备的坚实性和牢固的骨架，涂料的附着力更加牢固，更具有超耐久性，使得涂料耐擦洗、抗裂纹；对损坏砂浆的大气侵蚀因素形成一道不可逾越的屏障，在极端条件下，依然可以发挥其优良的性能，不会产生龟裂；由于石墨烯为优良热导体，散射99%红外线和85%的紫外线，可以达到节能降耗、保温隔热的功效。

石墨烯可被广泛应用于各领域（图6-2、图6-3），甚至有可能让科学家梦寐以求的2.3万英里长太空电梯成为现实。

图6-2　石墨烯手机触屏

图6-3　石墨烯晶体管

高纯度石墨应用更广

石墨工业要向高、精、尖领域发展，前提就是提高石墨的纯度。高纯石墨是生产膨胀石墨等高品质深加工产品的原料。

一、高纯石墨

高纯石墨是指含碳量在 99.95%以上的石墨，其纯度高，应用范围广。电池行业，特别是锂离子电池和钒氧化还原电池，是最有远景的行业之一。随着对电子产品和电动车的需求增长，生产锂离子电池所需的石墨预计每年将增长25%。分析家估计，在下一个10年，锂离子电池生产可能消耗超过160万吨的高级鳞片状石墨。到2020年，电动汽车年产量预计高达600万台，每台车的电池系统需要80 kg的石墨。

石墨也是钒氧化还原电池技术的一个主要部分，每存贮1 000 MW需要差不多300吨鳞片状石墨。钒氧化还原电池生产与可替代能源（例如风能和太阳能）一样，预计将不断地扩大需求。

二、膨胀石墨

膨胀石墨是由天然晶质石墨（含碳量 95%以上）经过酸性氧化剂处理后得到的一种酸处理层间化合物。其结构松散、多孔，具有优异的亲油疏水性，广泛应用于原油泄漏、油田废水处理等领域，应用前景广阔。膨胀石墨还是生产柔性石墨的原料。

石墨深加工不可限量

一、氟化石墨

氟化石墨是现今国际上高科技、高性能、高效益的新型碳/石墨材料研究热点之一，其性能卓越、品质独特，是功能材料家族中的一朵奇葩。它是通过碳和氟的直接反应而合成的一种石墨层间化合物，有极好的疏水疏油性和优异的化学热稳定性，是目前最好的润滑剂和防水剂；在干燥或潮湿高温时（400℃～500℃），摩擦系数更小，使用寿命更长。近年，有在飞机、轿车发动机上用氟化石墨做润滑剂的趋势，也用于制造高能锂氟电池。

二、纳米石墨

纳米石墨泛指粒径在1 nm~10 nm、比微粉石墨更细微的超细石墨颗粒。它具有结合力大、对光的吸收能力强、化学活性强、热量易传递等特性，在新功能材料方面有广阔的应用前景。

三、核石墨

目前，以核石墨为代表的新型材料已被证明是发展高温气冷堆等第四代核电技术中最稳定、安全的堆芯材料，进一步研发核石墨将对核电事业产生深远影响。

四、浸硅石墨

浸硅石墨区别于硅化石墨，机械强度、硬度、抗冲击等都比一般石墨高，不污染介质，是一种十分理想的新型密封抗磨材料。

参考文献

[1]孔庆友, 张天祯, 于学峰, 等. 山东矿床[M]. 济南: 山东科学技术出版社, 2006.

[2]中化地质矿山总局山东地质勘查院. 山东省石墨矿资源利用现状调查成果汇总报告[R]. 2012.

[3]青岛地质工程勘察院. 山东省莱西市南墅石墨矿核查区资源储量核查报告[R]. 2011.

[4]王克勤. 山东省南墅石墨矿床地质特征及矿床成因的新认识[J]. 建材地质, 1988(6): 1−15.

[5]王克勤. 山东省南墅石墨矿石墨晶体结构的研究[J]. 矿物学报, 1990(2): 106−114.

[6]山东省地质局综合三队. 山东省莱西南墅石墨矿刘家庄矿床地质勘探报告[R]. 1996.

[7]建工部非金属矿地质公司103队. 山东省莱西县南墅石墨矿床岳石矿区补充勘探报告[R]. 1964.

[8]青岛地质工程勘察院. 山东省平度市刘戈庄石墨矿核查区储量核查报告[R]. 2011.

[9]颜玲亚, 陈军元, 杜华中, 等. 山东平度刘戈庄石墨矿地质特征及找矿标志[J]. 济南: 山东国土资源, 2012(2): 11−17.

[10]颜玲亚. 世界天然石墨资源消费及国际贸易. 中国非金属矿工业导报, 2014(2): 33−36.

[11]李峰, 孔庆友. 山东地勘读本[M]. 济南: 山东科学技术出版社, 2002.

[12]尹丽文. 世界石墨资源开发利用现状. 国土资源情报.

[13]全球石墨矿产资源现状与发展趋势. 地质调查动态, 2014.

[14]黄国平. 马达加斯加重要矿产找矿潜力. 资源环境与工程, 2015.

[15]John Parker. KOOKABURRA GULLY GRAPHITE−A World Class Resource on SA's Eyre Peninsula SA's Eyre Peninsula.

[16]方莹. 国外各国的石墨资源概况. 耐火与石灰.

[17]湖南省地质研究所. 湖南省郴州市北湖区鲁塘矿区煤炭(石墨)资源储量核实报告.

[18]凤凰网. 生而不凡——新材料之王石墨烯. http: //tech.ifeng.com/discovery/special/jiemi-40/.

[19]李超, 王登红, 赵鸿等. 中国石墨矿床成矿规律概要[J], 矿床地质, 2015(6): 1223-1236.

[20]王家昌, 张家英, 朱艳. 我国石墨成矿特征及找矿标志[J], 中国非金属矿工业导刊, 2013(3): 49-51.

[21]钱大都, 张淑伟, 王志泰等. 中国矿床发现史(综合卷)[M], 北京: 地质出版社, 2001.

[22]艾宪森, 纪兆发, 张钦文等. 中国矿床发现史(山东卷)[M], 北京: 地质出版社, 2001.